果醬二三事

Jam Story

22種時令水果×手作果醬×果醬料理

Jacqueline Ng 編著

目錄

CONTENTS

自序 6
序一 8
序二 9

01 果醬．有機．慢活
我的有機人生 13
順應自然吃四時果 16
果醬種類 18
事前準備！ 20
大功告成以後 25
果醬保存方法 26

02 春生
幻想總是甜的——初嚐士多啤梨的快樂記憶 29
酸甜歲月——那些年小姨的天然減肥餐單，西柚還有番石榴 35
車厘子——為什麼你被喚作櫻桃時，味道會這麼怪？ 47
奇異果——你有喜歡這個奇異的名字嗎？ 53
梨湯，梨湯，梨湯…… 59

03

夏長

水蜜桃果皮輕輕剝下——小心翼翼打開我們的過去 66

美得發光的女人——紅桑子之美 72

我討厭菠蘿！ 78

失敗，正是考驗你熱情的時候——再遇熱情果 84

就是記得夏天的芒果很香，很甜，還有…… 91

我的父母親——藍莓的滋味，酸酸甜甜 97

04

秋收

我說葡萄——就是宇宙裏的第五元素 105

那袋蘋果——原諒我那天生你的氣 111

我與栗子的重遇 118

我發現了爺爺的寶物——洛神花 125

果欄之初體驗．無花果 132

05 冬藏

我的果醬二三事——從買給婆婆的那盆年桔說起 139
真・柚子蜜的甘苦味 146
我的前世情人——啤梨的故事 153
一杯熱檸檬水——養生，就是這樣簡單 160
難得的「可揀」！——幼時與婆婆買橙的記憶 168

送給我的爸爸

自序

FOREWORD

我堅信吸引力法則，相信只要帶着正念和夢想做事，事情就會發生，而整個宇宙會給我力量去把它完成。

二零一四年平安夜前夕，我獨自在果醬工作室趕着生產聖誕節的果醬貨品，忙碌中看見眼前一台的果醬製成品，霎時停下來問自己：「除了生產果醬，我還能做些什麼？」突然腦海出現這念頭：「我要寫一本果醬食譜及分享自己果醬二三事的書。」

隔日，正正平安夜那天，我收到萬里機構一位編輯的信息，她說在某市集上吃過我的果醬，覺得美味又健康，想我成為他們的作者，分享有機生活及介紹四時果醬食譜。我收到這信息時，興奮得馬上發信息給我爸爸。我年少時跟爸爸說我長大後要寫書，現在，事情真的要發生了。

這本書由二零一五年初開始編寫，爸爸不時會致電來問候，怕我辛苦，要處理果醬事務，不能應付這本書的編寫。的確編寫這部書與我日常的工作是不能共存，而實踐夢想的過程是比自己想像中更吃力，每次寫作或拍攝時必須放下所有日常事務，甚至要離開香港，才能把文章好好完成。

我明白製作果醬的過程有多享受，吃下一口美味果醬有多滿足；希望更多人可以放慢日常緊張的節奏，享受生活中的細節，為自己或身邊的人親手做樽果醬，這是一件十分幸福的事。但要煮出一樽美味果醬不是簡單的事，每款水果特性不一，必須在基礎的製造程序上再加點功夫。因此在本書內選了二十二款四時水果，把這幾年學到有關這些水果的認識，每款果醬的技巧集合在這本書內。希望拿着這本書跟着製作果醬的你，在過程中也會回憶身邊的人和事，一鍋充滿愛又香甜美味的果醬便會完成，這就是屬於你個人的果醬二三事。

在此謝謝以下的人，他們每位都是帶我走向夢想的小天使：

萬里機構前同事鄧宇雁，在平安夜當天送我至今最好的聖誕禮物；

歌手林二汶為我寫了一篇動人的序，分享她與嫲嫲的二三事；

曾協助我完成此書的每位朋友，特別是借出雙手給我拍攝的好朋友——小翠，為這本書畫出一幅幅可愛插畫的香港插畫師——Dylis Ching；

我家人的鼓勵與支持，特別謝謝爸爸與我丈夫讓我沒有放棄追求夢想；爺爺奶奶在我們年幼時的照顧，讓我每天能在鄉間感受大自然；還有我的婆婆，一直給我心靈上的支持。

最後，謝謝宇宙一切，在這星球上促成了這小小的夢想成真。

序一

FOREWORD

關於祖傳下來的情感，我明白。

從小跟嫲嫲一起住，雖然在她離開人世之前，我還沒有學習到她的手藝與廚藝，但她卻以一種獨特的方式，永遠留在我的心中。

我七歲那年，最小的姑姐剛出嫁，嫲嫲為她造了兩條攬枕。被嫲嫲寵幸的我，一直以為其中一條是給我的，誰知道原來兩條都屬於姑姐的。我知道之後很失望，嫲嫲見我如此失落，決定將其中一條送給我。就這樣，這條攬枕陪我度過了二十六年，它陪我度過每一個夜晚。我哭我笑，我快樂得說不出話，傷心得留不下眼淚時，這些讓我語結的情感，它都默默接收。有時候我不在家睡，我也會很掛念它的味道，到現在還會。小時候我最喜歡坐在嫲嫲腳邊，手指輕捏着她的睡衣，不知不覺就覺得瞓，然後我就睡着了。每次我觸摸到攬枕的皮膚，我都會想起嫲嫲經常穿的那件睡衣，柔柔的，冰凍的，但只要我抱着它，它就會在我懷內變暖，它一暖起來，我就會睡着，就像回到嫲嫲的腳邊一樣。

生命有自己的規則，就算心中懷着多大的愛，我們還是沒有能力將所愛的人留下。能留下的，也許就是比我們遲一點磨滅的死物。不過，死物也有生命，只要它成為你跟你所愛的人的牽掛，它就能帶着生命流傳下去。當我吃着 Jacqueline 精心製作的果醬時，我彷彿吃到這種感情的連繫。不同的果醬味道，卻帶着同一種感情，而我居然也在這種感情當中，找回我最熟悉的牽掛。

生命有自己的規則，它不會根據我們的意願決定離開或留下，但我肯定，只要我們不忘記，其實沒有什麼有真正離開過我們。就如至今還留在我枕邊那條充滿複雜味道的攬枕，就如 Jacqueline 手上每一樽有淚有笑和無限心血的果醬。

歌手　林二汶

序二

FOREWORD

剛認識她的時候，她跟我説很愛在旁看我工作；
這是老生常談，當一個人專注的時候，特別有魅力。
但當事情發生在女人身上，魔力加倍。
站在一旁看着她，從處理水果，到煮果醬，並不如你想像般複雜，也不如我想像般簡單。
不複雜在於所有方法都在本書裏清楚記下了；
不簡單在於那些果醬背後的故事與經歷，你會看到她的靈魂是如何成長過來。
希望妳/你拿起這本書去讀的同時，亦會落手去煮；
最重要是把心血製成成品分享給你身邊最愛的人；
因在他眼中，
你會變得無與倫比的美麗。

果醬美女背後的幸運兒　梁禮彥

果醬・有機・慢活

在康熙字典中對「機」字有如此解說：

《集韻》：織具謂之機杼，機以轉軸，杼以持緯。又氣運之變化曰機。
《至樂篇》：萬物皆出於機，皆入於機。

很多人對有機食物的理解，等同純天然無添加化學成分的食物，於是：

有機＝ Organic ＝天然

但在我一直以來的解讀裏，「機」，是這個宇宙給人們的一種指引與導向。順着宇宙的指引去走，就是有機。中國人古傳二十四氣節更替，就是最基本的自然界指引，跟隨時令而吃就是最基本的「有機」吃法。

其實只要我們肯用心感受，「有機」的指引確實顯現在我們生活之中，最少它實踐在我的生命裏。

我的小小「農夫」生活

在港出生不到三個月，爸媽把我送到鄉下給嫲嫲爺爺照顧，直至三歲才回港上學，那三年是我與大自然最接近的時光。

那個春天我剛懂走剛懂跑，便賴着爺爺要跟他下田插秧，個子小小的我，無人能阻，赤腳踏入黑黑濕泥中，讓黑泥蓋過了大半的腿。兩歲小女孩所插的秧能井井有條嗎？當然不能，玩着插，像個醉漢走路。不到一會爺爺馬上叫停，不讓我這位醉孩插秧。我便將氣力轉向爺爺的那頭水牛，牠穩重冷靜，即使我在旁如何咆哮尖叫，如何用草玩弄牠的鼻子、尾巴……牠也只是「哞哞」兩聲。我爺發現時比那水牛激動多了，罵我不要把他的水牛嚇出病來。每天我在田裏作惡，中午時份嫲嫲送飯來時就會把全身黑泥的我帶回家。

夏天即使簡單吃頓飯，我總要把餐枱搬到庭中，每天都要像擺喜慶酒一樣，叔叔姑姑們也拿我沒辦法，最後找來一張小枱小椅讓我自己在庭中吃，但他們總會耐不住屋內的熱，拿着飯碗一起坐在門前石階上吃。晚飯過後，又會忙着為自己建睡床，我會把兩張有靠背的藤椅搬到花園裏，併攏起來，靠背及靠手的地方就會變成圍欄，放上我的小枕頭，我就睡在裏邊。夏天的星星最多，晚上常會看到星河，慢慢就沉醉、沉睡了。有意思的是第二天醒來總會身在屋裏的床上，不知叔叔姑姑何時將我抱進屋裏。

秋天來到，我又黐着爺爺去稻田，原來青青的稻田已變成金色的，濕濕的泥地經過整個夏天，到了秋天也已變成乾泥。記憶中田裏每根稻穀沉甸甸的彎着，好美呢！但稻穀頗高，我多次偷偷躲在稻田裏，爺爺大喊也找不着我。爺爺唯有把我抱到田邊的士多店，把我寄放在他們的櫃枱上。在櫃枱上我的視野可更高更廣，看到無止境的金黃稻田，這畫面時至今日仍深刻在我腦中。收割下來的稻穗要趁乾燥，馬上打穀，接下來幾天，整屋的人都忙起來，包括只有兩歲的我！家中園裏放滿一堆堆稻穗，我常搶着要打，抱起一小束稻穗到打穀機前，記得那木製的打穀機有一腳踏板，踩着內裏的摩達跟着轉，稻穗伸進去，打兩三下，穀粒就能脫下。午後我就睡在稻穗上，其他人繼續忙碌着。

記得年幼時，我很少有機會喝牛奶，反正我也不喜歡喝奶，冬天我喜歡吃熱騰騰的米糊！它是用秋天收下的米煮成；記得家中有個傳統石磨，在石磨中放些米，加些水，就能開始磨。石磨很重，但我每次都嚷着要玩，推着石磨的柄，圍着走，看到白白的米漿在石磨口流出，雖然費我不少力氣，仍興奮不已！嫲嫲會馬上將米漿加熱煮沸，為我拌入些砂糖，我就捧着一碗熱米糊坐在門樑邊慢慢吃。

找回被遺忘的慢活生活

到了三歲，媽媽把我接回香港，終「如常」地上學升班，讀着不愛的學科；「如常」畢業，「如常」出社會工作……「如常」地度過了自己的青春歲月。兩歲那年的生活光景，二十多年來一直埋在自己心裏，總感覺在香港這地方，很難將這種生活態度呈現，就像實現夢想般難。這想法讓我更進一步走入這個虛幻的社會，不停為了生活，為了物質，幹着不喜歡的活，對自己的生活再沒要求。

幸好前兩年自己的身心都發出了提示，醒覺到的確需要停下來、慢下來，聽聽自己內心的聲音，加上身邊有位嚷着讓我不要放棄夢想的丈夫，我最終停下來了，認真思考自己的生活應有怎樣的「美」。

停工那年，與自己感情很好的婆婆去世，人生中第一次感受到至親的離開，體會生命在彌留時的脆弱與光芒。婆婆的離開給了我一個空間去理解及思考生命與靈魂這課題，相信婆婆的靈魂繼續在旅程中，我在這空間會繼續祝福她。（而自己之所以會開始製作果醬，也與婆婆有關，在後文的果醬小故事中會與大家分享。）

生活慢下來，身心得到自由，給了自己的心一個空間去感受大自然，五官都靈活起來，我兩歲時的悠閒感覺又回來了。心境比以往豁達，除了多了空間接受他人，心靈中也有更多空間與大自然連繫。

開始製作天然手工果醬這工作，經常會接到顧客的問題或傳媒的採訪，他們總會問：「你覺得果醬怎樣才好吃？」使用新鮮時令水果十分重要！但當我在農場與水果獨處時，或準備使用那些水果做果醬時，我首先會好好欣賞一下它們，跟它們

交流，讚美它們的自然香、它們的自然美。水果也是有生命的，當我要開始處理它們時，也會感謝它們帶給我健康。我相信製作果醬，應該對水果存在這份尊重。

再來的另一個問題：「你如何做出很多不同的果醬？」，閱讀參考資料是必須的，但大多是水果告訴我的。經常與水果獨處，的確能與它們有心靈上的交流。即使處理同類水果，但每次的進口地不一，處理上亦不能每次一樣，水果會告訴我應如何切、如何調味。同時，我也會回憶以往吃着不同水果時的每個小故事，希望把當時的心情也存在於果醬當中，記下生活點點碎碎的細節。

這些年很多人為了健康，會選吃農藥較少的有機食物，除了吃，我們日常生活都能活得有機。

前兩年，我開始製作天然手工果醬，十分感恩這亦成了自己現在的事業。在工作的同時，給予自己更多機會親近大自然，學會尊重大自然中的每個生命，了解人與大自然必然和諧共存。這段時間裏，自己兩歲時的生活回憶，不時出現在腦海裏，原來自己也曾擁有過這種有機生活，只是成長、社會環境，世俗的看法，令自己遺忘了這種恬靜生活。

人與大自然，需要不停交流。懂得讓自己慢下來，回到生活本質，尊重自然，在與大自然的交流中看到自然的美，把這些美麗帶到生活當中，成為每個人獨有的生活態度，順應大自然，順應自己的生活細節與節奏……

這一切的一切，都是我在製作果醬的這兩年裏，對於有機生活的體會。手工果醬，對我而言就是一種把自然界的美麗帶到日常生活裏的過程。享受慢活，就是這麼簡單。

順應自然吃四時果

在自然的規律裏，春生、夏長、秋收、冬藏，不論動物或植物，都離不開適者生存這個定律，能順應自然的都被選擇留下來繼續生長。水果因應二十四節氣而生長，人則順應四時進食。不同水果在二十四節氣中有適合播種、成長及收成的時間，大自然的氣溫、泥土的濕潤度會帶領着每顆種籽成長，而不需依靠農藥。

大自然博大精深，時令水果與人的健康有着密切聯繫，令「因時而食」成為一套養生法則。

順應自然的循環來改變你的飲食，因時而食，是養生的重要原則，能保持健康，減少疾病！

因時而食，順應大自然

春 — 春天主肝，四季中肝火最旺盛，適合吃車厘子、桃等這類護肝水果；

夏 — 夏天主心，陽氣旺，寒性的水果如西瓜、橙等適合這季節進食；

秋 — 秋天主肺，天氣乾燥，需多進食蘋果、柿、石榴等潤肺水果；

冬 — 冬天主腎，天氣寒冷，應吃溫熱性水果如金橘、木瓜等。

果醬種類

Marmalade

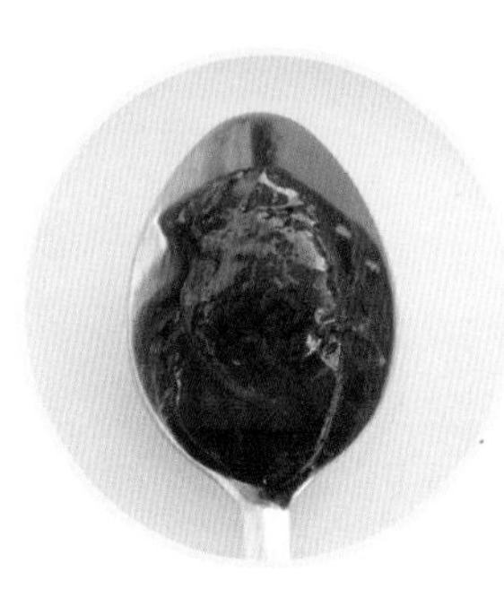

Jelly

Jam

很多時在超市售賣的果醬，一般中文翻譯名稱通通只寫為「果醬」，但假若有留意英文，就會發現其實果醬分為三大類別：Jam、Jelly、Marmalade。

在天然手工果醬中，這三款醬的主材料都是水果與糖，但三款醬的口感、糖分、製作技巧上各有不同！究竟這三款果醬有什麼分別呢？

Jam

Jam由果肉加糖煮成，有黏稠感，但未至凝固狀。

Jam着重於較少糖分下以較短的時間令水果的風味濃縮，保持原來水果的自然質感與果香。處理水果時需注意果粒的大小要適中，不能切得過大，又不能太溶爛，影響水果獨有的質感。糖分方面，一般是水果重量的四成，可保存三個月左右。

Jelly

Jelly用新鮮水果加水，經長時間烹煮，會濾走果肉、籽、果皮部分，只取其果汁，加入糖分與適量檸檬汁，煮至濃縮及凝固。優質的 Jelly 晶瑩剔透，呈凝固狀態，一羹取出，仍會保持完整線條而不會倒塌；吃下的口感平滑，沒有水果雜質。Jelly 雖然沒有果粒，但吃下時亦有濃郁而新鮮的果香。烹煮時因需要將水果中的天然果香與果膠迫出，因此製作需時較 Jam 長。製作 Jelly 所需糖分較高，一般是佔果汁重量五成的糖分，可保存六個月左右。

Marmalade

Marmalade 與 Jelly 一樣是凝固體，需用到果肉、果皮及水，加入果肉與果汁重量五成的糖分煮成；當中一部分果肉跟製作 Jelly 一樣，需加水煮出濃濃的果汁，再棄掉果肉；另一部分則要將水果連皮切片，加水烹煮數次，煮走苦澀味。將所有果汁及果皮混合，經長時間烹煮，濃縮成醬。Marmalade 製法經常應用在橘子類水果中，如橙、柚子、檸檬等，吃下時能嚐到水果肉的果香，同時果皮令此款果醬更添一層清新味道。

傳統 Marmalade 有兩種製作方法，一款能在一天內完成，但口感味道較粗糙，特別做橘子類的水果，往往果醬中仍會留有果皮的苦澀味。如果你比較講究，可以用第二種方法，但需用上三天時間（如本書中介紹的西柚、檸檬果醬的做法）：第一天將水果切成八件，不用切得太細碎，加水浸一天；第二天，取浸了一天的水果，連水煮出濃濃果汁，置室溫再浸一天（隔天才把果肉濾走），同時準備新鮮切片的水果，加入水煮走苦澀味，亦是置室溫浸一天；最後第三天，把所有材料混合烹煮。

如果你希望享受製作手工果醬的情趣，可使用第二種的製作方法，耐心用上三天時間製作，慢工出細貨，製作出來的成品必會更細緻，味道必會更美味濃郁。

事前準備！

製作果醬材料

水果

1 選擇完全成熟的水果

果膠蘊藏在水果細胞壁，會隨着水果的成熟度而增加；而果膠對於製作天然手工果醬十分重要，它能使果醬自然產生濃稠狀態，而不需使用任何化學果膠，如魚膠粉。

2 選擇氣味香濃的水果

天然的果香對每款果醬都十分重要！當打開果醬的一刻，應有果香撲鼻的感覺。水果果香主要集中在果皮中，選擇水果時，可嗅嗅水果的外層，如香味濃郁，那就適宜用來製作果醬；同時亦證明該水果已成熟。有些水果我們甚至需要使用其果皮來烹煮，令果醬氣味更加香濃。

3 選擇時令水果

每類水果都有其適宜生長的地區環境，適合的時令當造；可現在不少不法農夫會使用農藥來幫助水果成長以保持四時供應和銷量，故在選購水果時，儘量購入時令當造水果為妙。

自開始做果醬後經常到果欄選貨，了解到進口水果有飛機貨與船貨之分。飛機貨當然是路程較短，水果外層的防腐劑相對亦較少，船貨則相反。因此飛機貨是較健康的，同時，水果不會在太生的情況下採摘下來，果膠亦會較船貨的豐富。

要挑選到最成熟、最能配合時令的水果，那麼使用本地有機的水果當然最好。在香港幸好還有一小群有心有力的本地農夫，默默地隨着四時種植出不同的農產物。我特別喜歡到不同的本地有機農場採購新鮮水果，有什麼好得過能自己親手從果樹上採下一個個新鮮水果？

特別推介

本土水果

在香港每年十二月至翌年四月能採到顏色鮮豔、味道香甜的士多啤梨；踏入六月，就能找到荔枝、火龍果、菠蘿、香蕉、紅桑子；十月有龍眼；冬天有柑桔。

我喜歡一人走進田中採果，郊區四周平靜，心境也會靜下來，用心欣賞水果掛在樹上的自然美，當將水果與果樹分離的一刻，嗅到散發出的濃濃果香，同時思索着應如何處理眼前的水果、應如何調配這果醬的味道。

我十分享受採果過程，我甚至視之為冥想，是與大自然的一個交流與互動，是一個與水果連繫的好時機。當厭倦了繁忙的社會生活，不妨走到大自然，認識一些本地農夫，了解農作物生長過程的細節，每年天氣對收成的影響等，都是一件樂事！希望香港僅餘綠土能長在，支持本地農夫們因應四時種出良果，生生不息，整個生態才能得以平衡。

糖

糖是果醬的必須品。很多時候，有些顧客在市面上買了所謂的「無糖果醬」，來問我「有沒有無糖果醬賣？」但任何一個懂得果醬的人都可以告訴你，「無糖」是不可能的事！

糖在製作天然手工果醬中帶着重要的功能——天然的防腐作用。當糖與水果混合後，能使水果中的水分迫出，經烹煮過程將水分蒸發，減少果醬中的水分，以作保存。糖分越高，果醬的保存期相對較長。

所以任何市面上所謂的「無糖果醬」，都是加入防腐劑或是其他化學劑。「無糖果醬」只是一種包裝，實際反而並不健康。

選擇糖方面，建議使用冰糖，因為冰糖沒有經漂白，較砂糖健康；使用冰糖煮出的果醬亦較清甜，中醫學上更有健脾和胃、補中益氣、滋潤之效。黑糖與紅糖亦可應用在果醬中，但由於這兩款糖的蔗香較濃，不是每款水果都能配上，亦會影響果醬煮出來的色澤。

水果當中的天然糖分，能幫助增加果醬的濃稠度，但要留意在製作果醬時，對於一些甜度較高的水果應減少一些糖分，以減低甜膩的味道。

製作果醬時建議將水果與糖混合後，糖漬五小時左右。這樣能將水果的果香帶出；亦能使一些紅色的水果，在烹調過程中保存鮮豔的色澤，不會因長時間烹煮，而令果醬成深啡色。

檸檬汁

在接下來的章節，果醬中的成分總會出現檸檬汁這一項。檸檬是果膠很高的水果，加入果醬中，能幫助果醬煮成黏稠狀，對於果膠成分較低的水果特別重要。

檸檬汁的另一功效是平衡果醬的甜酸度，同時把水果的鮮味帶出。但檸檬汁的用量要適中，不能為了減甜而加入大量檸檬汁，令果醬過酸！

製作果醬用具

鍋

選用適合的鍋十分重要，可令果醬更快完成，同時能幫助煮出美味果醬。用來製作果醬的鍋建議使用不銹鋼鍋或銅鍋，不可使用鋁製鍋。鋁鍋會使果醬變酸，影響果醬的味道及色澤。

鍋應選用矮身但底部較大的平底鍋，這樣烹煮時溫度會較平均及較易使果醬中的水分蒸發。而每次製作的份量不可過多，若份量過多，煮的時間則需要較長，糖在高溫情況下烹煮過久會影響味道。

爐

明火爐或電磁爐都可製作果醬。明火爐的溫度較易處理，一般大火也不會過熱；使用電磁爐則要多加留意，電磁爐的溫度較高，需要時需注意控制火的大小。

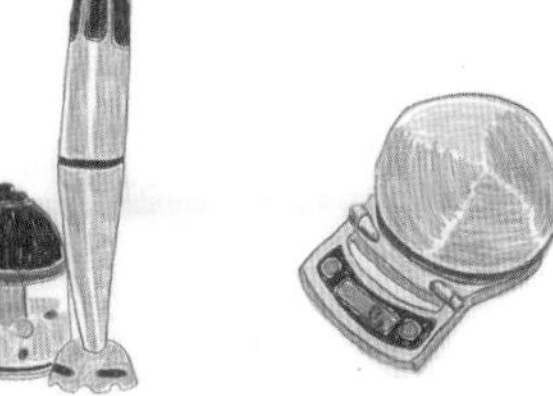
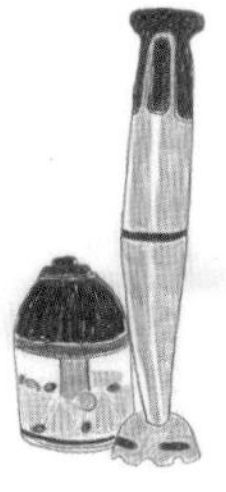

電子磅

前面提過，不同種類的果醬或使用不同性質的水果製作果醬，糖分的比例要精準，需使用電子磅準確量度出水果的重量，然後加入相應重量的糖分。

攪拌棒

建議使用木製的攪拌棒，因需要長時間在高溫中攪拌，相對金屬的，木製品較不會影響果醬質素。

手柄式電動攪拌器

在處理水果時，可借助電動攪拌器將部分水果攪溶，部分則切粒，例如菠蘿、蘋果、桃等，使果醬在食用時較易推開。建議用手柄式的攪拌器，這樣較容易控制水果蓉的粗幼；手柄式攪拌器亦不會像立式電動攪拌器那樣把水果卡在刀片中，較易操作。

溫度計

初學者建議使用溫度計，確保果醬烹煮時的溫度保持一百零三度，這個溫度使糖分得以凝固，果醬能煮出濃稠狀；但要留意不能超過一百零三度，超過了果醬則會變焦，影響味道及色澤。

另一需留意的度數是八十五度，果醬完成後需於八十五度以上將果醬入樽，才能起到殺菌作用，令果醬保持真空，易於保存。

濾網

烹煮果醬時，大部分水果與糖遇熱會出現泡沫，這些泡沫不宜存入樽內，其一影響果醬的美觀；其二泡沫有空氣存在，有空氣存於樽內，會使果醬容易變壞，難以保存。可在入樽前用濾網將浮在果醬面層的泡沫取掉。

隔熱手套

入樽時果醬處於高溫狀態，玻璃傳熱快，應使用隔離手套，以免燙傷。

最愛一個人去果園採果

大功告成以後……

測試方法一

測試方法二

測試果醬是否完成

果醬需要冷卻後才能完全凝固，但我們於果醬烹煮至濃稠狀時，可使用一些快速測試方法來測試果醬是否完成。

方法一

在製作果醬前，準備多個不銹鋼羹於冰箱內，當果醬煮至濃稠狀時，取出冷凍不銹鋼羹，放少許果醬於羹內，將羹垂直，如快速冷凍了的果醬慢慢地向下流，同時有部分果醬黏在羹上，代表果醬己完成。如羹上的果醬垂直後像水一般快速流下，則需要再繼續烹煮，接着用同樣的方法重複測試。

方法二

如製作的果醬份量不多，可使用一個較簡易方法去測試。當攪拌棒「拖刮」鍋的底部時，如能把果醬分開，慢慢再融合，出現明顯的痕道，代表果醬己完成。如攪拌棒「拖刮」鍋底時，果醬不能分開，即果醬中還有很多水分，仍未完成。

果醬保存方法

盛載果醬的器皿

1 使用玻璃樽

果醬樽建議使用玻璃樽，不可使用膠製的。因膠製的樽器遇到高溫會釋放有毒物質，影響健康。

2 果醬樽大小

果醬樽大小需因應製作量，不宜使用過大的玻璃樽裝入少量的果醬，因樽內過多空位，更多空氣會存在玻璃樽內，影響果醬保存，容易變質變壞。一般盛至玻璃樽的九成滿就可以了。

3 果醬樽及樽蓋的消毒程序

果醬樽清洗乾淨後，於鍋內放入冷水，將果醬樽放入，煲滾十五分鐘。留意果醬樽不要在水滾時才放入鍋，玻璃樽會因突然遇熱而爆破。樽蓋亦放進滾水中煮約十分鐘，不宜過久。

十五分鐘後取出果醬樽，小心燙手。果醬樽放置架上風乾或使用焗爐以一百度烘乾（約十五分鐘）。樽蓋則不建議使用焗爐烘乾，因蓋內則有膠環，過熱會溶化。自然風乾或使用乾淨的抹手紙抹乾就可以了。

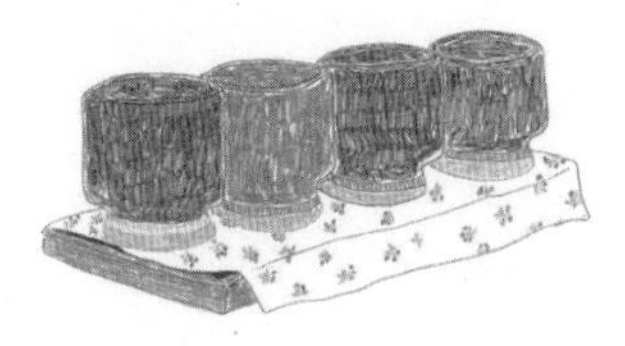

入樽之後

倒扣

果醬盛入樽內後，扣上蓋子後馬上將果醬倒立。蓋子不用扣得過緊，因樽與蓋之間需留有少許空氣，使樽內的空氣能跑出，製造真空狀態。

當果醬於室溫放涼後，會發現蓋頂中心位置會凹下，即果醬已成真空狀態。如按下蓋頂時，蓋子會彈起，即表明樽內仍有空氣，不易保存，建議將果醬再次加熱至八十五度以上入樽，或儘快把果醬吃完。

果醬保存的方法

放涼後的果醬可放置陰涼地方。但在春天夏天，建議冷藏，潮濕及炎熱天氣都容易使果醬變質。

春生

01 士多啤梨
02 西柚
03 番石榴
04 車厘子
05 奇異果
06 雪梨

春天由每年的「立春」開始，經過「雨水」滋潤，冬眠的動物在「驚蟄」甦醒，到了「春分」春天已過了一半，白晝時間對等；「清明」氣溫回暖，充沛的「穀雨」令下種的作物生長。

春天，人的氣機也開始甦醒，肝氣旺盛，是養陽的好時機，但如果吃大量煎炸、辛辣的食物，會令肝火上升、肝臟受損，接下來的夏天病痛就會出現。因此春天除了保持心情輕鬆愉悅外，亦應注意飲食清淡，可多食帶甘微酸味的水果，亦可減少上火情況。我們就由顏色鮮豔、甜甜酸酸的士多啤梨開始吧！

二月至四月 • 春

幻想總是甜的

初嚐士多啤梨的快樂記憶

童年時，士多啤梨在我家十分稀有，雖不知當時的價格，也不懂品種什麼的，但以我的小腦袋猜測，這肯定是高級水果！這可愛的小東西只會每年在我哥哥的生日蛋糕上出現一次。看着那只有一兩顆的士多啤梨像跟我跳着招手舞，但我知道只有過生日的哥哥才有份吃，求他給我一口，他總回一句「很酸的！」便一口吃下。我不信！很酸你又吃得下？很酸又不給我吃？

正因為我童年時沒有品嚐過新鮮士多啤梨，我對士多啤梨的幻想與慾望似乎比一般人更大。

從小我總會挑選士多啤梨的「副產品」：士多啤梨頭飾、士多啤梨圖案衣服、士多啤梨袋子；關於吃的一定挑士多啤梨味雪糕、士多啤梨味糖果、士多啤梨味啫喱；甚至連文具也會用帶有士多啤梨香味的橡皮擦、原子筆。這個「士多啤梨選擇強迫症」，到了小學畢業時開始出現變化。

我永遠記得那個暑假的晚上，媽媽將一盒新鮮士多啤梨放於桌上。我腦海裏千頭萬緒，是我生日了嗎？是超市大特賣吧？是什麼原因根本不重要，重要的是數個小時後，我就吃得到了人生第一顆新鮮士多啤梨……

那晚，我和哥哥快速吃過晚飯，洗好碗碟，就圍在那盒士多啤梨旁，等媽媽一聲號令：「食啦！」

我先把頭靠近士多啤梨用鼻子聞聞，有淡淡的果香，雖不像橡皮擦和原子筆的香精味，但感覺卻像久別重逢般的熟悉。我把士多啤梨放進口裏，輕輕咬下，果汁終於碰到我味蕾，呀……晴天霹靂，的確很酸！我囧着臉回頭望着媽媽，對士多啤梨的幻想近乎破滅，媽媽竟使出絕招，拿出砂糖來讓我們蘸着吃，用砂糖的甜度中和士多啤梨的酸味。

英國有一份研究指出，一眾水果中，只需單單幻想一下士多啤梨或聞一聞其香味，就已可以令人產生快樂。所以即使長大了，士多啤梨仍是我的首選，因為幻想裏的味道總是甜的。

關於士多啤梨

士多啤梨含有大量的維他命C、維他命A及胡蘿蔔素，對美白、增加骨膠原都有幫助。從中醫角度，士多啤梨可明目養肝，其纖維亦有助消化，健脾胃。

而士多啤梨果醬在市面上亦十分普遍，但真正好吃的卻寥寥可數，不是太「死甜」，就是果肉含量太少。其實自家製作士多啤梨果醬十分簡單，關鍵在於如何挑選新鮮士多啤梨。

香港市面上的士多啤梨多數從美國、日本、韓國進口，品種很多，像「大妃美士多啤梨」、「露之水滴士多啤梨」、「雪白士多啤梨」等，層出不窮。在日式超市裏常看到一些名貴品種，飽滿亮麗得像塑膠玩具，每粒外型像倒模般一模一樣，價錢絕不便宜，卻吸引大群人購買嚐鮮。其實我們不需要用上這些名貴品種，也能做出好的士多啤梨果醬。

用來製作果醬的士多啤梨甜是其次，最重要的是——香！怎樣才能找到香的士多啤梨？最簡單的方法是選用本地農場的有機士多啤梨。

絕大部分進口的水果因運送需時，只能在還未成熟的時候採下，在運送途中「焗熟」。如此水果的果香及甜度大減，果膠成分亦不飽和。香港本地生產的水果種類不多，幸好士多啤梨佔了一席位。我喜愛到上水天光甫的士多啤梨園，也許是水土地理原因，他們的士多啤梨特別香，每年十二月至翌年四月都是當造期。士多啤梨最適合在天冷時生長，天氣越冷會越甜。採摘士多啤梨前都要留意前後幾天的天氣，士多啤梨沾水後很快變壞，果香亦會被沖淡，因此不宜在雨天採摘。在農場挑選士多啤梨時，最重要是選擇果身完整、沒有濕爛的，同時留意果身的頂部，要挑選頂部已成紅色熟透的，這樣味道更香甜；體積不需要很大，中型或細小的也可。

剛摘下的士多啤梨要儘快處理，將水果鮮味保存起來。足夠的糖分可幫助果醬成黏稠狀，同時令果醬有光澤；但士多啤梨本身偏甜，需加入檸檬汁平衡果醬的酸甜度。

保存期：3 個月

Strawberry Jam
士多啤梨果醬

01
春

果醬製作方法  *Step by step*

材料：

士多啤梨　450g

冰糖　200g

鮮榨檸檬汁　50g

做法：

1. 士多啤梨去葉後小心清洗乾淨，不要破壞果身，因為果身沾水後容易濕爛。
2. 將洗淨後的士多啤梨瀝乾水分，近頭部位置切除，放在大盆中，加入冰糖及檸檬汁拌勻，再用保鮮紙包好，放入雪櫃安靜待一晚，令果香揮發出來。
3. 第二天將糖漬了的士多啤梨取出，倒入易潔鍋中，以中大火煮滾，不時攪拌。
4. 當果醬開始成黏稠狀時，將火轉至中小火，輕刮鍋底，以免煮焦。約15分鐘後，士多啤梨開始變軟，水分略為收乾。
5. 將果醬面的泡沫取起，用第一章的測試方法，如果醬的黏稠度足夠，趁熱倒入已消毒的玻璃樽內。

士多啤梨窩夫
Waffle with Strawberry Jam

士多啤梨果醬總會出現在早餐餐桌上，鬆餅、窩夫、原味乳酪或燕麥配士多啤梨果醬，方便美味。士多啤梨果醬更是小朋友最愛，它有種魔力，讓寶寶乖乖坐着把眼前的美食吃光。

材料：

麵粉　1 杯	蛋　1 隻
泡打粉　2 茶匙	牛奶　1 杯
鹽　半茶匙	士多啤梨果醬　適量（按喜好加入）
糖　1 茶匙	

做法：

1. 先預熱窩夫機或窩夫模。
2. 在碗內將麵粉、泡打粉、鹽、糖預先混合，然後加入雞蛋及牛奶發打成粉漿。
3. 將粉漿倒入窩夫機或窩夫模內，烤至金黃色。
4. 最後加上士多啤梨果醬，亦可加入新鮮水果作裝飾。

SPRING 02

- Grapefruit -

西柚

二月至四月 · 春

那些年小姨的天然減肥餐單，西柚還有番石榴

我兩歲半時來港讀書，家中除了爸媽、哥哥，還有婆婆和小姨。小姨當時還在唸中學，她除了常給我看她情迷的日本明星中森明菜、近藤真彥外，還會經常戲弄我。

我家在二十五樓，當樓下有雪糕車時，必會傳來陣陣「藍色多瑙河」的音樂。當時我不知道這段音樂跟雪糕有什麼關連，曾想過會不會樓下有人去世，所以在出殯時播這段音樂之類。

一天下午，我從幼稚園放學回來，小姨正在做功課，「藍色多瑙河」又徐徐傳入耳中，我鼓起勇氣問小姨：「這是什麼聲音？」

「警察在樓下捉小朋友。」她邊做功課邊淡然地說。而剛從內地來港的我完完全全地相信了，並把頭慢慢探出窗外，看看樓下情況。

看了一會，小姨在旁問我：「樓下人多嗎？」我回答：「不多。」

小姨突然緊張：「那你還不快躲起來！不要被警察看到！」

原來所有小朋友已躲好了，我被嚇慌了……小姨叫我快躲在她的書桌下，怕死的我馬上鑽進去，那天我在她腳旁屈膝坐了整個下午。當天的午餐、午睡都是在小小的書桌下解決，直至「恐怖」的音樂消失後我才爬出來。

接下幾天，每聽見「登登登登……登登……登登……」，我即躲在小姨腳邊，如是者度過了幾個下午，直至有一天「恐怖」音樂突然消失；又直至一天，我們住的小區不知發生了什麼大事，半夜連發多次巨響。第二天回到學校，老師馬上安排學生由家長安全接送回家，全區戒備森嚴。可怕的「藍色多瑙河」不期然在我腦海閃過……

事情到我小學四年級時始真相大白，有一天雪糕車載着「藍色多瑙河」和滿滿的雪糕出現在校門口，看見同學衝向雪糕車：「我要雲尼拿雪糕！」、「我要橙冰！」而我卻無奈地站在人群後恍然。

我的壞小姨隨意一句，卻把我嚇足幾年。我也不知當我躲在她腳邊時，她在桌面上偷笑了多少遍。小姨出社會工作後跟外婆搬到新家，但離我家不遠，雖然她仍

常捉弄我，我卻經常黏着她。小姨經常在公司OL群中帶回不同減肥方法，連外婆都受感染，跟我小姨一樣嘴邊常掛着：「多吃這個能減肥」、「喝這個能消脂」……小姨每次晚飯前都要先吃下一個水果，説是撐飽了肚子，飯就會吃少點。

一晚，小姨取出一個貌似橙的水果去皮，問我要不要吃，我在旁聞到果皮香，又的確吸引，馬上點頭。我見小姨講究地去了衣才把果肉吃下。我懶理那麼多，一口連衣咬下，西柚汁湧到我的味蕾上，腦中馬上出現閃電，除了吃藥外，我沒嚐過這樣苦的食物，趕緊吐出來！小姨又在旁偷笑我，她説要去了衣才不會那麼苦。我已怕怕了，不敢再試第二次。

從那刻開始，我認定所有聲稱能減肥的食品都很難吃！

又隔幾天，番石榴出現在小姨的OL減肥餐單中。某天我看見外婆吃着番石榴，番石榴的酸味滿屋，令我快要吐。外婆問我要不要吃，我馬上搖頭，外型那麼醜的水果我才不要吃，立即跑去找鄰家的女孩玩，身後的外婆用小姨的口吻喃喃自語：「食這個可以減肥……」再過幾天小姨又在OL群中聽回來，説番石榴的籽吃得多會便秘，又説要吃這吃那來通便……沒完沒了。

一種食物能不能減肥，或能不能增肥，我一向都不關心，食物的味道及欣賞食物的方法，我才感興趣。

不知從何時開始，橙跟西柚我會選西柚。也許人長大了喜好也轉變了，我開始欣賞西柚的清新、多汁加上微微苦澀的獨特性。而番石榴是我去了台灣後，完完全全愛上的水果，那時候每天都非吃不可。

關於西柚

美國是全球西柚產量最多的國家，香港的西柚多來自美國及南非。

西柚分為紅肉及白肉，最為常見的紅肉品種是「紅寶石」（Ruby Grapefruit），白肉的則是「瑪熙」（Marsh Grapefruit）。紅肉的會比白肉的較甜及多汁，苦味亦較少。

西柚中的多酚是苦味的來源，對抗衰老有很大的作用，同時西柚在水果中糖分較少，苦味又能令人減低食慾，對減肥的人來說簡直是恩物！

而西柚果醬以 marmalade 方式製作，需時比其他果醬長、步驟亦較多。為了平衡西柚的苦澀味道，西柚需多煮幾遍，並經浸泡後才能製作。雖然製作過程繁複，但完成後的果醬絕對是意想不到的美味！

保存期：3個月

Grapefruit Marmalade

西柚果醬

02

春

果醬製作方法 *Step by step*

材料：

西柚　1800g

冰糖　800g

鮮榨檸檬汁　140g

做法：

1. 西柚洗淨切半，並榨出果汁。將果汁包封好，先行存放於雪櫃內。
2. 榨汁後的西柚入鍋內，加入清水蓋面，以大火煮滾，轉至中火再煮5分鐘後關火。把水倒掉，濾起西柚，再重複此步驟一次。
3. 西柚經兩次去苦澀後，在大鍋中加入清水至水位完全覆蓋西柚，以大火再煮滾後轉為中小火，慢煮1個小時，直至果皮軟身。 慢煮期間，不時輕壓西柚，如水太少，可中途加入清水。西柚煮至軟身後，關火蓋着，置室溫一晚。
4. 隔天，將浸泡了一晚的西柚取出，濾出汁備用。用匙羹將西柚肉及衣刮出，果肉部分加入西柚汁內，衣部分不要。西柚皮切條。
5. 在易潔鍋中，將冰糖、煮後的西柚汁、鮮榨西柚汁、西柚皮及鮮榨檸檬汁拌勻。以大火煮滾約30分鐘。當出現泡沫時，可用濾網撈除，轉至中火，開始慢慢攪拌。
6. 果醬差不多完成時會轉為深色，泡沫亦會較細小。用第一章的測試方法測試果醬，如果醬的黏稠度足夠，趁熱倒入已消毒的玻璃樽內。

西柚果醬奄列
Omelet with Grapefruit Marmalade

誰說果醬只能夾在麵包中？

開始做果醬時，我發現果醬能夠令每個早餐都吃得特別點。以美味的marmalade製作法式奄列，蛋香與牛油香，加上清新西柚marmalade，再配上一杯English breakfast tea，就是個簡單又不平凡的早餐。

材料：

雞蛋　2隻

牛油　2茶匙

淡忌廉　50毫升

檸檬汁　1茶匙

西柚果醬　適量

做法：

1. 將雞蛋、淡忌廉打起。
2. 牛油在鍋中以小火煮融，將蛋漿倒入，輕輕攪拌幾下後，靜待蛋漿的頂部開始變熟即可關火上碟。於蛋餅面中心加入西柚果醬即可。

SPRING 03
Guava
番石榴

關於番石榴

家住錦田，回家途中經常遇到菜販擺賣，間中會看到在香港本地種植的番石榴，總買下一兩顆回家。新界地區有很多農場都種有番石榴樹，雖然全年結果，但由於間斷式的結果時間，每次收成不會很多。我把它買回家後愛放上幾天，等果身軟些，香味溢出後才吃。

一次台灣旅行，我與兩位好友在百吉星墅民宿住下，下午閒着，就在花園跟熱情的民宿主人曹大哥聊天，各自説着懷抱的夢。言談間突然想吃台灣芭樂，曹大哥馬上動身，説要開車帶我們到山上買芭樂！天氣有點熱，但走在山間的樹蔭下卻是説不出的涼快，本想把剛買下的新鮮紅心番石榴帶回香港，卻忍不住拿出來細味一下。現在，每次做番石榴果醬時，都會不期然想起在山間的輕鬆心情和曹大哥對夢想的熱血。

番石榴原產地在美洲熱帶地區，他還有很多別名——「芭樂」、「拔仔」、「雞矢果」、「黃肚子」。很久以前，番石榴傳入台灣，農民大量種植，還培植出不同品種的番石榴。在香港最常買到的台灣番石榴有「珍珠芭樂」及「紅心珍珠芭樂」，外形似梨，是番石榴中最甜的品種，果肉爽脆多汁。

番石榴當中的維他命A及C有助抗衰老，調節身體機能。而番石榴的熱量及糖分比一般水果低，適合糖尿病或減肥人士食用，但應適可而止，切勿吃過量，因為吃過量的番石榴籽會造成便秘！

製作番石榴果醬時，可選果身變軟及有濃郁果香的為佳，果醬會更有風味及香甜。

保存期：3個月

Guava Jam
番石榴果醬

03
春

果醬製作方法  *Step by step*

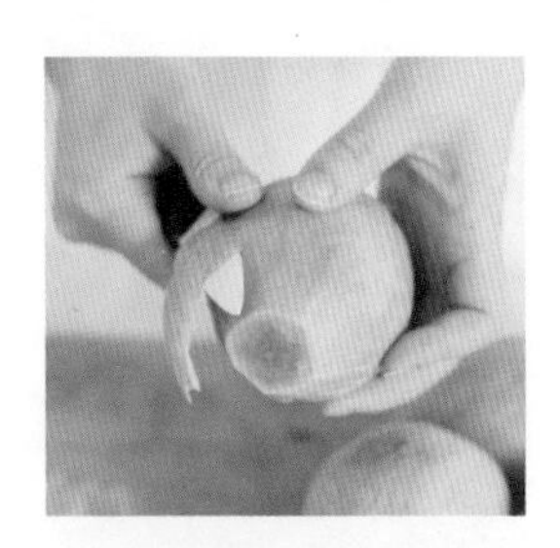

材料：

番石榴　1000g

冰糖　400g

鮮榨檸檬汁　140g

做法：

1. 番石榴洗淨去皮，將果肉切半，去除中心的籽。
2. 將7成分量的番石榴果肉用攪拌機攪成蓉，其餘3成果肉切成小粒。
3. 在易潔鍋中，將番石榴果蓉、果粒與冰糖及鮮榨檸檬汁拌勻。以中大火煮滾後轉至中小火。由於番石榴水分較少，烹煮時必須不停攪拌，以防底部果醬煮焦。
4. 約20分鐘後，使用第一章的測試方法，如果醬的黏稠度足夠，趁熱倒入已消毒的玻璃樽內。

紅番石榴士多啤梨特飲
Cocktail with Guava and Strawberry

House Party 的重點是飲品！

顏色繽紛的 Cocktail 不能少，如果家中剛好有紅番石榴果醬，就可以用來調製飲品，製法簡單、賣相又吸引，再也不用到超市買盒裝石榴汁了。

材料：

紅番石榴果醬　1 湯匙

新鮮士多啤梨　數粒

檸檬　數片

梳打水　1 罐

Vodka　適量（若不勝酒力，可不加酒精）

做法：

1. 先將新鮮士多啤梨洗淨，切成小粒。
2. 將所有材料混合在杯內即可。

SPRING 04

- Cherry -

車厘子

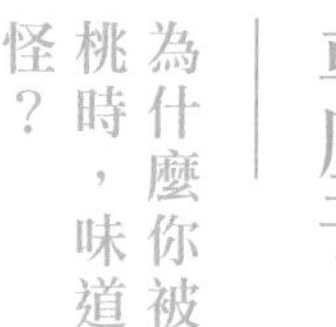

車厘子

為什麼你被喚作櫻桃時，味道會這麼怪？

一次工作中，在Facebook上介紹車厘子果醬時用上「櫻桃果醬」這個名稱，我丈夫一看到「櫻桃」兩個字，馬上叫我改用「車厘子」。很喜歡吃車厘子的他，說看到「櫻桃」兩字，腦部便受刺激，不知從何而來的一股藥水味便不知不覺間傳到鼻腔，嚴重影響果醬的吸引力。

車厘子啊車厘子，為何你被叫作櫻桃時，味道會變得這麼怪？你一定是個精神分裂的兩姊妹，裝成車厘子時，就甜美可人；變成櫻桃時就性感辣口吧！哈哈。

人生的第一粒車厘子是在西餅蛋糕上看到，再來就是在雜果罐頭中找到的。我從小對這些加入色素、香精及防腐劑的「糖漬櫻桃」（一般是用酸車厘子製）真的興趣不大。其後再嚐過外國進口的「櫻桃味糖果」後，又是一場噩夢，認定了吃「櫻桃」如飲藥水般難受！

中學時媽媽喜歡買新鮮車厘子給我吃，說多吃能補血，老實說我不太喜歡，味道淡，太熟的時候肉質很軟，有點噁心。

直至在澳洲留學，每年一月份車厘子當造，粒粒火紅、又大又脹，雖不便宜，但我這位窮學生也忍不住買點來嚐嚐，的確比香港以往吃的美味得多，多汁！爽甜！有口感！

第二次吃到美味的車厘子是在法國，但吃的不是法國出產的，而是智利。我跟老公外遊，喜愛租住有廚房的apartment，每次到一個城市都會去菜市場逛逛，買新鮮食材回去烹調，一般早餐跟晚餐都會在apartment中解決。這回又是給車厘子外表吸引，兩個大鄉里第一次看見金車厘子，金黃色果身，帶點點胭脂紅，好美！這種車厘子可貴哦，但吃下一口，值回票價，我倆從未品嚐過如此甜的車厘子。

外遊法國後回港一段時間，每想起那金車厘子便會垂涎三尺，畢竟金車厘子也香港少見，或者價錢不菲，都不敢觸碰。一天在公司工作，老闆拿來一盒子東西，讓我拿些來吃，一開盒子，嘩！金車厘子！老闆說是一位山東朋友送的，這品種跟智利的也很相近，吃下一顆，不只味覺滿足，同時一解我對金車厘子的慾望。

但這麼多年好吃的、不好吃的車厘子都進過自己的口裏，卻沒有一次吃到杏仁味，甚或藥水味的。為什麼？這個疑問終於在我製作車厘子果醬時解開了！

關於車厘子

車厘子與櫻桃是否一樣？

是！「櫻桃」是真正的中文名稱，而「車厘子」只是英文名Cherry的譯音。櫻桃跟水蜜桃、李子、梅子、杏桃等都屬核果科，用這方向作以解釋，「櫻桃」這名較易接受了吧！

夏天是櫻桃的當造期，北半球及南半球地區也有櫻桃出產。在香港，夏天五至七月最常吃到的是美國或日本進口的車厘子，而冬天十二月至翌年二月則能吃到澳洲及智利出產的。

櫻桃分為兩大類：甜及酸。甜的有我們在市場上多見的「Bing」，這類品種的櫻桃，肉實、多汁較甜，價錢亦合理。另外是剛才提及的金櫻桃「Rainier」，產期都是五至七月，甜度是櫻桃中最高，但由於不易保存，全球的產量也不多，價錢亦偏貴。而酸的櫻桃在香港比較少有，最出名的是印度酸櫻桃，它的維他命C比檸檬高出十七倍！而營養價值亦比甜櫻桃為高。但由於較酸，很少人食用或用作入饌。

說起櫻桃的營養價值，可謂多不勝數。人們常說櫻桃補血，對女生而言是很好的天然保養品，這話一點不虛。櫻桃的鐵質含量尤為豐富，是蘋果的二十倍之多！吃櫻桃不單能補充鐵質，令面色紅潤、改善血液循環，紅色櫻桃所含的天然食素——花青素，亦有助抗氧化，促進新陳代謝。

櫻桃必須在晴朗的天氣下採摘，剛購買回來的櫻桃應儘快食用。若把櫻桃存放在雪櫃，風味會大減。因此，用作製造果醬的櫻桃，即日處理為佳。

我在第一次製作櫻桃果醬時，有點挫折，新鮮櫻桃不如其他水果，果香不濃，做出來的果醬有甜沒香，品嚐的時候分辨不出是櫻桃果醬。原因就是，櫻桃的確有它的特質——帶點像杏仁的味道。

經一番搜查，終於解開為什麼櫻桃的製品會有像杏仁、藥水的「怪」味，那些「怪」味原來來自櫻桃的核！將櫻桃核的硬殼敲破，會發現內裏有很小顆外形如杏仁般的東西，將其再敲破，就能聞到熟悉的「藥水味」。原來這味道不是生產商刻意加入櫻桃產品中，而是真有其味！

保存期：3個月

Cherry Jam
櫻桃果醬

04
春

果醬製作方法 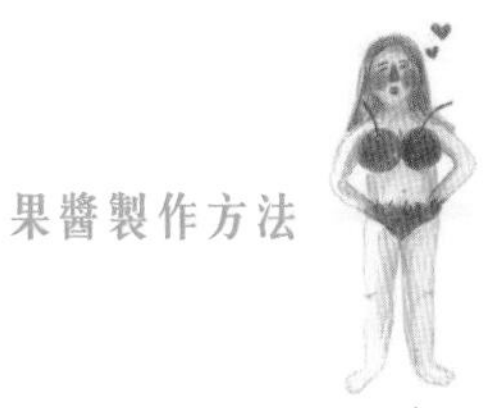 *Step by step*

材料：

櫻桃　650g

冰糖　260g

鮮榨檸檬汁　85g

做法：

1. 櫻桃以清水洗淨風乾，把果梗除去，將櫻桃由中心一切兩半，取出果核備用。
2. 果肉放置另一大盆中，將冰糖及檸檬汁拌入果肉中備用。
3. 櫻桃核以厚毛巾包起，用鎚子將堅硬的外核敲破，取出內裏米白色如杏仁的核心，放進魚湯骨袋或茶葉袋內備用。
4. 果肉倒入易潔鍋中，以中大火煮滾，需不時攪拌。鍋中的櫻桃開始出水，將裝了櫻桃核的魚湯骨袋放入鍋中，煮出香味。大概15分鐘後，鍋中的果肉開始成黏稠狀，調至中小火，繼續攪拌烹煮約5分鐘。
5. 撈走果醬面的泡沫，用第一章的測試方法，如果醬的黏稠度足夠，將魚湯骨袋取出後趁熱倒入已消毒的玻璃樽內。

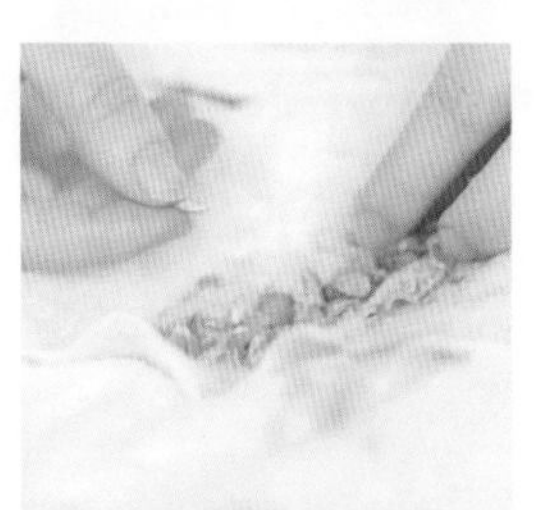

櫻桃金寶
Cherry Crumble

一班朋友開 party，總心思思想做出一些簡單又美味的甜點。但要準備牛油皮、酥皮的甜點都費時費力，而 crumble 甜點最合我這種懶人，加上家中雪櫃必會存放一批果醬，製作起來容易，又上得大場面！

櫻桃果醬　適量（按喜好加減）	合桃　20g
低筋麵粉　100g	鹽　少許
硬牛油　50g	肉桂粉　少許
榛子　20g	

做法：

1. 將榛子、合桃用攪拌機打碎，加入低筋麵粉、硬牛油、鹽、肉桂粉攪勻成 Crumble 粉。
2. 櫻桃果醬倒至焗盤中，再用 Crumble 粉蓋頂鋪平。
3. 預熱焗爐，以 200 度烤 20 分鐘即成。

* 酸酸甜甜的櫻桃金寶可配搭雲尼拿雪糕享用，更覺滋味。

SPRING 05
Kiwi
奇異果

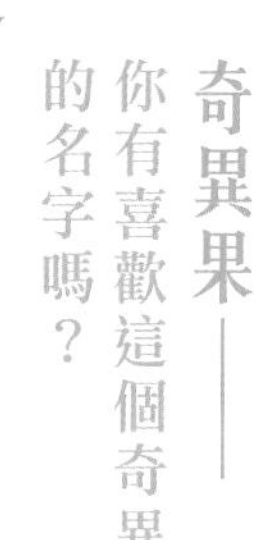

奇異果——你有喜歡這個奇異果的名字嗎？

身邊經常有朋友的外表別具動物神髓，像雞仔、長頸鹿、河馬、大熊……（這樣標籤朋友的確很壞，但這些笑話在朋友間的確帶來不少歡樂）。我曾認識一位朋友，外表卻像一種水果——奇異果。

「奇異果」是我中學時鄰班的男同學，奇異果面形，不方又不圓；臉上的雀斑，像是奇異果籽；頭髮短而濃密，像奇異果外皮的毛毛；而他的英文名「Peter」，亦因某曲奇餅廣告——「青BB嘅Peter仔」所害，微妙地跟奇異果襯絕。

那時候學校有「怪誕五人組」，Peter是成員之一，即使他算是當中最正常的一位，可他混在「怪誕五人組」中，同學們自然也把他標籤為「怪誕奇異人」。

十多年後的同學聚會，大家談起他的記憶也一樣：「Peter當年是怪在骨子裏的，怪在血氣裏，怪在那鐵線頭裏，但確實想不起他實際做過什麼怪事。」

我心底裏卻一直記住一件事：中五那年，學校聖誕聯歡，我發現座位上放了一份禮物，同學們説是鄰班的Peter送來。我不知為何感覺到一絲害怕與憤怒。我馬上拿起禮物衝入Peter的班房，全班都突然靜下來。我視線還沒有找到Peter的身影便大喝：「以後不要送東西來！」放下禮物，轉身便跑。當日回家，竟收到「怪誕五人組」其中一位組員的來電，電話中的她聲線陰沉，不停嚷着：

「你原諒Peter啦……」

「你原諒Peter啦……」

「你原諒Peter啦……」

我像接到恐怖來電一樣，嚇得馬上掛了電話，但不知怎地內心居然有一種説不出的內疚感。其實那份禮物是否真的是Peter送的，我沒有刻意求證，當時只是不想被其他同學以為我倆是朋友，怕自己也被列入奇異一族。

老實説，我每次拿起奇異果，便會想到Peter。他雖然怪，卻在每個同學心裏留下深刻印象。直到出來工作多年後的今天，我才明白，其實在這世界上要當一個奇異的、與眾不同的人，是一種勇氣。

可惜，我們總要長大，才懂得活出自己，卻發現自己早已經被麻木地融入人群之中。

幸好，還有奇異果，提醒我。

關於奇異果

目前香港最常見的奇異果大多來自紐西蘭，但你可能沒想過，原來奇異果的原產地正是近在眼前的中國。

很久以前，奇異果是中國人山區常見的野果，但因為賣相不討好而且味道並不吸引，只有猴子會採摘來吃，加上奇異果絨毛外皮活像猴子一樣，古人當時稱之為「獼猴桃」，現在中國大多數人都還是用着這個名稱。在十九世紀初，有人將奇異果種子帶回紐西蘭，並成功培植，現在成為紐西蘭的特產。近幾年他們還研發了比奇異果甜的金奇異果、甚至沒有絨毛可連皮吃的奇異果寶寶。

另外，意大利出產的奇異果在香港也很常見，紐西蘭的、意大利的品種會全年輪流出現。但意大利的品種較酸，果肉顏色較淺，果味亦不及紐西蘭的香濃。如果製作果醬，建議使用紐西蘭品種。除了意大利出產的奇異果，市面上間中會找到法國及日本出產的，但價錢較高。

研究指出，夏天每天進食兩個奇異果，能補充鈣質，令睡眠質素更佳。奇異果含豐富維他命C，能美容抗老化；當中的鉀能幫助去水腫排毒，但腎功能不好或嚴重貧血的，切忌多吃。

從中醫角度，很多水果都列入「寒涼」，我身體屬寒性，但又愛吃奇異果，中醫教了我一個吃的方法：將奇異果去皮，切開四件，用熱溫水加入幾顆杞子泡一會，果肉連杞子及水一同吃下。在市場買回來的奇異果大多還未熟透，未熟透的奇異果味帶酸澀，不宜製作果醬。送你們一個小訣竅：如想加速奇異果成熟，可在當中放一個蘋果，置在室溫中，蘋果的乙烯成分會促使奇異果的成熟速度加快。

製作果醬時，可因應個人口感喜好將奇異果切粒，或帶上手套，把奇異果用手擠成蓉狀後才烹煮。同時，亦可加入香料（例如迷迭香）作調味。製作時需注意烹調的時間及溫度，時間太長或溫度過高，會令果醬顏色啡啡黃黃，而失去天然、有光澤的鮮綠色。

保存期：3個月

Kiwi Jam
奇異果果醬

05
春

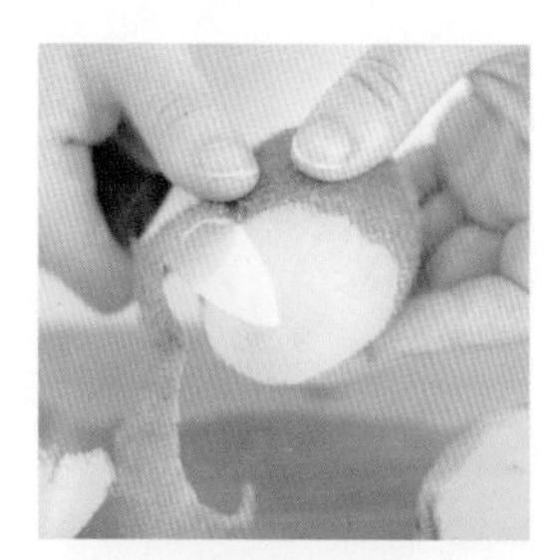

材料：

奇異果　450g

冰糖　180g

鮮榨檸檬汁　30g

做法：

1. 奇異果洗淨去皮，將果肉切粒（或帶上手套，把奇異果用手擠成蓉狀），放入易潔鍋中。
2. 在易潔鍋中加入冰糖及檸檬汁攪拌。
3. 以中大火煮滾，奇異果將會開始溶開及出水，需要不時攪拌。
4. 約 15 分鐘後開始收水及成黏稠狀，將火轉至中小火，輕刮鍋底，以免煮焦，繼續煮約 5 分鐘。用第一章的測試方法，如果醬的黏稠度足夠，趁熱倒入已消毒的玻璃樽內。

奇異果雪糕
Kiwi Ice-cream

不知從何時起對街外買到的雪糕不感興趣，當身邊的女性朋友瘋狂試食不同品牌的雪糕時，我就顯得興趣缺缺，各人都驚訝：「吓？你唔食雪糕？」可能太甜吧，人大了太冷的食物也少吃了。但自製雪糕可不同，一來甜度可以自己控制，二來味道千變萬化，用來招呼朋友也顯心思吧。

淡忌廉 250g

砂糖 50g

鮮奶 200g

奇異果果醬 適量

做法：

1. 取出冷藏過的淡忌廉，用打蛋器以中速打至出現紋理，再加入砂糖及鮮奶，用低速打約 8 分鐘後雪藏 45 分鐘。
2. 取出雪糕漿，再用打蛋器打 3 分鐘，再放入雪藏 45 分鐘，以上動作重複三次。
3. 最後一次打發雪糕漿時，加入奇異果醬拌勻，雪藏至硬身即成。

SPRING 06
- Pear -
雪梨

梨湯，梨湯，梨湯……

當春末踏入初夏時，經常會因為天氣的轉變而上火，即所謂我們常說的熱氣。我中學時還經常會因為上火而流鼻血，差不多隔兩天便流一次鼻血，有時半夜流，有時早上起床時流。最嚴重的一次，兩個鼻孔同時流血，流足大半小時，我媽急得不知所措要送我去醫院，我說先找冰，她卻説家中沒有冰，驚慌失措之下忽然衝入廚房，在冰箱中取出一包石頭般硬的東西放在我鼻額上，我定睛一看，一時之間反應不過來——我媽媽居然在我鼻額上放了一塊凍肉！幸好凍肉讓我的鼻血止住了。

之後每次打開冰箱看見凍肉，我都會十分慶幸那次之後再沒流過鼻血。

我媽很少買西瓜這類東西給我清熱降火，而是跟外婆一樣，愛用雪梨加雪耳及冰糖煲糖水給我們吃，她們稱這糖水為「梨湯」。但我只愛喝那些湯，不愛連同雪梨雪耳吃，我媽總會把它們隔開，湯我喝，雪梨雪耳她吃。

我每天上學前都會喝一杯，有時趕着時間不想喝，我媽會攔在門口，口中不停唸着：「梨湯，梨湯，梨湯，梨湯……」務必要我喝下才願放我出門，令我感覺喝梨湯帶着種迫切感。

現在我不時也會煲梨湯和丈夫一起喝，他也是只愛喝湯。為免浪費，我會將雪梨雪耳放入豬腱湯內再煲，這樣的配搭下我們才會把雪梨雪耳吃掉，奇怪喔！

當我給丈夫一杯梨湯時，我媽的「梨湯，梨湯，梨湯」的咒語就會在我腦內盤旋，有意無意間，我就會像媽媽當年一樣監視老公有沒有把梨湯喝光。但他總愛如品茗一樣品梨湯，喝一口放下，這邊走走，再喝一口又放下，那邊走走。我便會把咒語掛在嘴邊一直唸以作提示他的梨湯還沒喝完，「梨湯，梨湯，梨湯……」唸到他喝完為止。

這兩天天氣開始變熱，火氣又找上我，這回到我用我那開始發痛的喉嚨求救説「梨湯，梨湯，梨湯，梨湯」。可惜媽媽不在港，懶惰的我真想自己的手能穿越時空，拿起當年我避過媽媽耳目溜出門、被我留在餐桌上未喝的梨湯，一飲而盡。

關於雪梨

小時候經常吃到的梨是鴨梨，我不太喜歡吃，因為吃到的都是偏酸的。但現在的品種多了，加上經過改良，不論中國、台灣、日本或韓國的梨子質素都不錯。

雪梨的果糖較高，但其糖分其實有化痰止咳的作用。另外，雪梨熱量較低，含豐富膳食纖維，當中的鉀成分，有助排出體內多餘水分，利尿排毒，預防風濕、關節痛等病症。

第一次到果欄選購梨子做果醬，被果檔老闆們所介紹的品種弄得一頭霧水：「這是河北的，這是浙江嚴州的、這個金川的、山東、雲南……」他幾乎唸出全中國所有省分，還有台灣的豐水梨、新世紀梨、幸水梨……

但由於沒有事前做足功課，對於哪個省分出產哪個品種完全不了解，尷尬地問出一個問題：「那……哪種是多水，入口甜又滑些？」

老闆聽後便知我外行，有點不耐煩：「什麼滑呀？」

我開始有點害怕：「即是較少沙，沒什麼渣的。」

「鴨梨啦！」説畢，老闆便轉身招呼其他客人。

如果用來製作果醬，鴨梨便可以了，價錢亦較便宜。黃色的鴨梨皮帶有小啡點，果柄部分斜斜的像鴨嘴。鴨梨皮薄，果肉爽脆多汁，果香較濃，果肉細緻。選購時留意梨身應附着果柄，果皮嫩而沒有黑褐色斑點，拿在手上感覺有些粉狀才算新鮮。

春天是百花齊放的季節，園中的茉莉花也在盛放，趁春天將花香加入清甜的雪梨果醬，最好不過。但由於花店的新鮮茉莉花大多使用農藥種植，不建議使用。如自家沒有種植茉莉花，可使用茉莉花乾取代。

保存期：3個月

Pear and Jasmine Jam
雪梨茉莉花果醬

06
春

果醬製作方法  *Step by step*

材料：

雪梨 450g

冰糖 180g

鮮榨檸檬汁 50g

茉莉花乾 45g

做法：

1. 先將雪梨洗淨去皮，將7成分量的雪梨攪打成蓉，另外3成切成小粒。
2. 在易潔鍋中倒入雪梨蓉、果粒，並與冰糖、檸檬汁拌勻。以中大火煮滾，果醬表面會出現淺啡色的浮沫，以濾網撈起。
3. 煮約20分鐘後果醬開始收水，將茉莉花乾放入茶包袋中，放入果醬中煮至香味溢出。
4. 果醬差不多完成前，加入幾朵茉莉花乾即可。 用第一章的測試方法，如果醬的黏稠度足夠，趁熱倒入已消毒的玻璃樽內。

雪梨茶
Pear Tea

我是一個腸胃不太好的人，每餐不宜吃太多，但又容易肚子餓，因此下午茶對我而言是日常必須。但炸雞腿、西多士等高油高熱量的茶餐又過猶不及，有時只需吃幾片餅乾，裝英國人喝喝紅茶。而我喜歡在英國紅茶當中加入一羹花香果醬取替黃糖，淡淡的花果清香，令整個下午茶變得優雅起來。

長夏

01 水蜜桃

02 紅桑子

03 菠蘿

04 熱情果

05 芒果

06 藍莓

夏天是很多作物快速生長結果的時段，由「立夏」、「小滿」、「芒種」、「夏至」、「小暑」到「大暑」的三個月，天氣炎熱，易傷津液，令人食慾不振，容易暴怒生氣，所以在夏天應保持心情舒暢，亦要注意補充水分，選擇清補、健脾及祛暑的食物。如水蜜桃、熱情果、菠蘿等都是十分好的夏天消暑水果，亦有利水功效。

SUMMER 01
- Peach -
水蜜桃

水蜜桃果皮輕輕剝下

小心翼翼打開我們的過去

一次做水蜜桃果醬時，想起了一段往事。當時的我正為會考作準備，不知什麼時候跟同班的他產生曖昧。

那天，我們剛巧在商場的美食廣場碰上，大家便一起溫書，突然傳來笛子聲，原來有一位老伯邊吹着笛子，邊向我們的方向走來，最後還坐下來跟我們聊天。

老伯先把他的隨身物件慢慢放下，眼睛淡定地打量了我們一下，再看看我們的書本，開始說話了：「要考試啦？」

我倆傻楞楞地慌忙點頭，細看老伯的臉龐，爬滿的皺紋不能把他俊俏的輪廓完全覆蓋，還有那炯炯目光，神氣迫人。

「你們沒有讀歷史科嗎？我以前是戰地記者……今年已九十幾歲了。」

「日本兵把槍指着我的頭，槍頭就在這！」他指着自己的前額。

我倆聽得目瞪口呆，老伯微笑看了看我們，忽然從懷中拿出了個水蜜桃，然後用那滿帶風霜的手，小心翼翼將皮薄薄剝下，像在打開他的過去。

「以前我有一位愛人，她是我的同學，好美。我畢業出來當了記者，她當老師。」他說到這兒老伯又打住了，一邊回想着他的過去，邊把桃子塞進口裏，那表情比那水蜜桃更甜蜜。

老伯回過神來，卻沒有繼續他的愛情故事，竟問起我身邊這位男同學：「你敢說你會永遠愛她嗎？」「你知道什麼是永遠嗎？」男同學給老伯問傻了，傻傻輕輕點頭。而我的心則如小鹿亂撞，滿面通紅。

老伯把手在褲管上擦了擦，拿過他的東西，哈哈地對着我們笑了幾聲，又繼續吹着笛子走了。

而我與這位男同學最終也沒有發展，中五畢業後就沒有再見過彼此了。直至我投身社會，一天下班乘坐地鐵碰見了他。多年沒見，也不知話題該從何說起，我們只是尷尬地笑了一下，也沒有留下聯絡方法就分別了。

水蜜桃的皮剝到一半，果汁流出，我拼命去接住，但甜蜜的汁水還是像我的青春歲月一樣從指縫漏走。還好，想起那些青澀的情懷時，臉還會像水蜜桃一樣，透出淡淡的粉紅。

關於水蜜桃

《本草綱目》記載：「桃可作脯食，益顏色，肺之果，肺病宜食之。」桃含豐富鐵質，有助活血、抗貧血，對美顏也有幫助。而水蜜桃之果肉多是白色的，從中醫角度，白色食物入肺，因此水蜜桃亦有潤肺之效。水蜜桃的膳食纖維也十分豐富，有助潤腸，預防便秘。但注意水蜜桃屬溫性水果，多吃容易上火，未完全成熟的水蜜桃亦不宜食用，容易腹瀉。

這幾年一到夏天很多人為日本水蜜桃而瘋狂，特別在物流發達的今日，什麼「日本直送」，網上下單，隔天就能從日本空運貨物到你家，吃新鮮日本水果比以往更容易。無可否認日本的水蜜桃的確很難抗拒，鮮甜又多汁；但價錢卻不菲，最低消費也要三十多元，更不用說一些優質品種，差不多近百元一個。我還算捨得間時買來新鮮吃，但用來做果醬，我還是不捨得。

那麼，該用哪種水蜜桃做果醬品質較好又划算呢？我首選澳洲或美國的白桃，這些白桃都很甜，但他們多在桃肉未熟透、較硬的時候摘下，因為當地人都較喜歡吃爽甜的水蜜桃。我在果欄買回來的白桃也是硬硬的，吃起來很甜。如果在室溫放幾天催熟，待果肉軟一些，這時果香會更濃，用來製作果醬風味更佳。

但澳洲或美國的白桃很少在整個夏天都能買到，始終是外國進口，量亦不會很多，因此選用中國的水蜜桃亦可。但需注意適合用來做果醬的中國水蜜桃多於六至八月才能在市面上買到。因這批六月下旬當造的水蜜桃大部分是軟身的桃，果皮較易剝開，催熟後果肉會更軟，肉嫩而且果汁果香較豐富。九月左右的多是硬身的桃，放置多少天果肉也不會變軟，味道比較遜色。

水蜜桃的果膠成分並不十分豐富，需要一定時間熬煮至果醬成濃稠狀。你亦可以用蜂蜜取替一半糖分，增加黏稠感，但需注意蜂蜜加熱會變酸及破壞營養，需待果醬差不多完成時才加入。

有時候選購回來的水蜜桃果皮帶紅，但果肉是白的，如想增加果醬的天然色澤，可將切下的果皮放置鍋內，加入少許水蓋面加熱，便能將果皮的天然顏色煮出，隔掉果皮，待煮果醬時將水加入，更能增加果醬的色澤。

保存期：3 個月

Peach Jam
水蜜桃果醬

01

夏

材料：

水蜜桃　450g

冰糖　180g（可改用冰糖 50g 及蜂蜜 50g）

鮮榨檸檬汁　50g

做法：

1. 由於水蜜桃容易氧化，建議處理水蜜桃前先將檸檬榨汁備用。
2. 清洗水蜜桃時儘量將表面的細毛清洗掉，然後去皮。注意接觸過果皮上的細毛後，千萬不要觸摸其他部位皮膚，這些細毛會令皮膚十分痕癢，如有需要可使用手套。
3. 將水蜜桃切半，取出果核。
4. 將 2/3 的果肉使用攪拌機攪至蓉狀，其餘 1/3 果肉切粒。如想吃到粒粒水蜜桃果肉，不宜切得太細，果粒熬煮時會溶掉一部分，建議切成約 5mm × 5mm。當然亦能按個人口味，將全部果肉攪至蓉狀。
5. 將果肉加入已準備好的檸檬汁及冰糖中拌勻，放至易潔鍋中，以中火煮滾，期間不停攪拌鍋底。
6. 果醬煮滾後轉至小火，一邊繼續攪拌，一邊用濾網將表面的泡沫撈走。如使用一半糖分以蜂蜜代替的做法，此時可加入蜂蜜，再使用第一章的測試方法測試果醬的黏稠度，如成功則趁熱倒入已消毒的玻璃樽內。

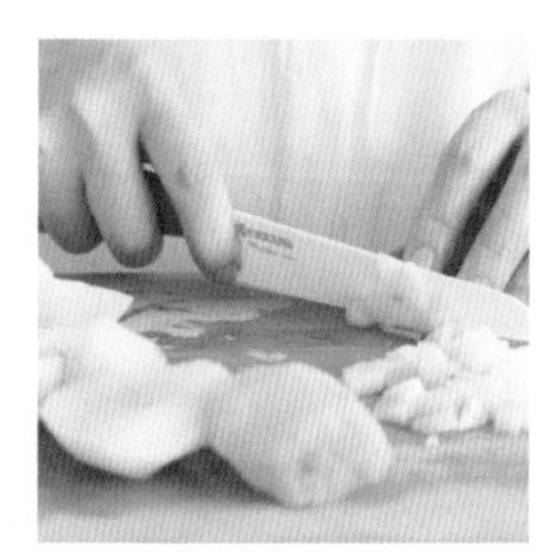

沙律伴水蜜桃果醬
Seasonal Salad with Peach Jam

夏季天氣炎熱，胃口經常欠佳，午餐時間可以用沙律作午餐，果醬與黑醋混合拌沙律，酸酸甜甜，健康又開胃，還可加入堅果，增加飽肚感。

材料：

有機沙律菜　1碗

新鮮水蜜桃　1個

羊奶芝士　少許

黑醋　2茶匙

水蜜桃果醬　1茶匙

做法：

1. 將新鮮水蜜桃去皮分成8件，下鍋略煎至表面帶少許焦。
2. 混合有機沙律菜及羊奶芝士。
3. 最後拌入黑醋及水蜜桃果醬即可。

SUMMER 02
- Raspberry -
紅桑子

美得發光的女人

紅桑子之美

你們曾經傷害過一個好人嘛？我是指 physically 傷人。

我傷害的她，名叫阿芳，是我預科的好同學。

阿芳坐在我前面座位，雖然外表不顯眼，但超會照顧同學，讀書用功成績好，每年都是班長的提名首選，最重要是她很會做雜果沙律。我除了經常對她說「阿芳，借數學功課來抄」外，就是撒嬌：「阿芳，我想食沙律。」而阿芳每次都是有求必應，第二天總會帶一個裝滿雜果沙律的食物盒給我，我則總是先在其他同學面前炫耀一番後才會吃下肚裏。

每次吃着都會想：「我應該如何報答阿芳？」可是，每一個想法都會隨着盒內的雜果沙律一起消失，吃完了什麼都拋到腦後，下次又厚着臉皮對阿芳說：「阿芳，我想食沙律。」

想不到最後，我給她的報答，竟是一口飛釘。

我記得那次留校佈置壁佈板，貪玩的我將釘槍當槍玩，傻傻的以為釘槍要貼着壁佈才會發出釘，便向着前面的阿芳按下釘槍，一口釘飛出，直接釘在她的背上，血馬上滲出校服。阿芳痛得哭起來，其他同學馬上上前，大家把釘小心翼翼地拔出來，並以責怪的眼神看着我，我卻只懂呆站，心裏內疚抓狂。

「射擊」事件後，我每天望着阿芳的背部，總是想到那血跡；但阿芳對我的態度不但一如既往，隔天還弄了水果沙律給我。當我接過水果沙律時，忽然在她身上看到了一道光環！我第一次明白，原來一個有忍耐力、有愛心、煮東西又好味的女人，真的是會發光的，是美麗得無與倫比的。就在那一刻，我告訴自己，我長大也要成為一個像阿芳一樣從裏邊發光的女人。

最近中秋節，阿芳親手製作月餅賣給朋友，收益捐給慈善機構，那天她聯絡我詢問有關製作月餅的水果餡料事宜，我簡直開心得要死，將我製作果醬的經驗一一都告訴了她，哈哈，終於能為阿芳做點事了。

關於紅桑子

紅桑子外型極之可愛，就像小時吃的橡皮糖一樣，顏色紅噹噹，每逢為家人或朋友製作甜點蛋糕時，必會加入紅桑子來做裝飾。我也愛吃新鮮的紅桑子，洗淨後將紅桑子插在手指頭，do re me fa so la一氣五顆吃下。

剛開始在果欄選購水果製作果醬時，常常搞不清 Raspberry 中文究竟是什麼：紅莓？覆盆子？紅桑子？打電話問果欄老闆：「今天有沒有覆盆子？」老闆説沒有，可是去到果欄時又看見有貨，其實Raspberry 的中文名「紅桑子」、「覆盆子」都可以，最終與果欄老闆有了共識，只叫它為「紅桑子」以便溝通。

紅桑子在每年夏天至初秋最為當造，香港買到的紅桑子絕大部分都是美國進口。

選購紅桑子時，最重要是留意果肉有沒有出水腐爛；還要留意果肉中空地方有沒有發霉。優質的紅桑子呈紅色而且有光澤，外形飽滿。紅桑子跟士多啤梨一樣，一接觸到水便很容易腐爛，因此，如不是立刻食用，不要讓紅桑子沾水。如用來製作果醬，買回來後最多存放在雪櫃一天，儘快使用為佳。或可以清洗後風乾，與冰糖混合後放入雪櫃隔天烹煮。

紅桑子算是低糖水果，果味帶微酸，含大量抗氧化劑如花青素、黃酮素、鞣花酸等，能減少體內的游離基。研究指出花青素能被人體完全吸收，形成抗氧化功效；黃酮素及鞣花酸除了能抗氧化外，黃酮素能增強免疫系統，如人體攝取不足黃酮素，容易受細菌感染，即使輕微碰撞亦容易受傷，而鞣花酸則有降血壓作用。

保存期：3 個月

Raspberry Jam
紅桑子醬

02 夏

果醬製作方法  *Step by step*

材料：

紅桑子 450g

冰糖 200g

鮮榨檸檬汁 50g

做法：

1. 紅桑子的果肉容易損壞，清洗時輕力一點。將清洗後的紅桑子風乾，或用廚用紙輕輕印乾水分，特別是中空地方。
2. 將風乾後的紅桑子加入冰糖及檸檬汁混合，如時間許可，可置雪櫃內約5小時。糖漬後的紅桑子會溢出水分及果香。
3. 將果肉倒至鍋內，以中火煮滾，期間會出現較多泡沫，可先不用撈走，不停攪拌，當果醬差不多完成時，泡沫自然會減少。
4. 紅桑子的果膠成分較高，能短時間內煮成醬。當發現泡沫開始減少時，可將火調至小火，以免煮焦。 將剩餘的泡沫抹用濾網撈走，以第一章的方法測試果醬黏稠度，如成功則趁熱將果醬入樽及倒扣。

紅桑子蛋糕杯
Raspberry Trifle

紅桑子果醬顏色鮮豔，味道容易配襯，能製造出千變萬化的甜品。我最常用來做Trifle杯，一層層的材料鋪在透明器皿內，非常吸引人。

材料：

海綿蛋糕 約300g

鮮忌廉 250ml	檸檬汁 2茶匙
糖 80g	新鮮紅桑子 100g
忌廉芝士 80g	新鮮藍莓 100g

做法：

1. 將鮮忌廉與糖混合用打蛋器打發至企身備用。忌廉芝士與檸檬汁拌勻，攪至軟身，與忌廉混合。
2. 將海綿蛋糕切粒，鋪一層在透明杯底，加上一層忌廉，再鋪上一層紅桑子果醬，然後是一層新鮮紅桑子及藍莓，可重複再鋪一次直至盛滿。
3. 最後於頂層放上少許新鮮紅桑子及藍莓做裝飾。

SUMMER 03
- Pineapple -
菠蘿

我討厭菠蘿！

從小我沒有特別嚴重的偏食習慣，就是不喜歡菠蘿。

一個夏天的晚上我媽拿出一盒菠蘿雪糕，我吃了一口便大叫：「我討厭菠蘿！」一吃進口就是香精味，還有超小粒的菠蘿味橡皮糖。可能我自少對人工製品都抗拒，加工菠蘿讓我吃了有暈車浪的感覺，那甜味和香味劑都令我反胃。

算起來我也是近這兩年才開始接受菠蘿的，就是我開始做果醬的時候。當了解菠蘿後，發現自己其實很喜歡新鮮菠蘿的果香，只是以往被加工菠蘿或劣質菠蘿害了很多年。

說到加工菠蘿，不得不提「菠蘿腸仔」這個小吃，真不知加工菠蘿配上加工香腸，會如何起到這麼大的化學作用。自幼稚園開始，無論生日派對、學校旅行，「菠蘿腸仔」都是媽媽們的拿手小吃，最近看到網上有人說小時能爭取到負責「菠蘿腸仔」是孝子之舉（因為最簡單易做）。

每次派對我都巡視同學們食物盒中的「菠蘿腸仔」，最普通的是罐頭菠蘿加罐頭雞尾腸，只需把兩者用牙籤插上，毫無功夫可言；花點心思的媽媽會把廚師腸微微煎香；更有心思的媽媽，會在廚師腸中間剘個十字，煎過後便脹起成花形，這是最受歡迎的一個版本。

可惜，不論哪款做法，菠蘿永遠都是同一個牌子的罐頭菠蘿，永遠都是沾腸仔的光，永遠是配角。

假如「菠蘿腸仔」在派對餐桌上仍歷久不衰，又假如我日後有了自己的孩子，我會準備高級版的「菠蘿腸仔」：新鮮菠蘿輕輕煎一煎，再配上香煎鮮肉腸，我的孩子必會因為同學的賞識而暗暗沾沾自喜。試問新鮮天然的食物，在哪裏會不受歡迎呢？

關於菠蘿

菠蘿含豐富維生素C，能增強免疫力，保持精神活力；菠蘿當中的酵素（蛋白酶）有助幫助消化，特別在吃了過多肉類後有助消滯。此酵素亦是天然有效的鬆肉劑，如烹煮豬肉時，想肉質鬆軟些，在醃肉過程中，可加入一些菠蘿分解肉類中的蛋白質及軟化肉類的組織。

雖說菠蘿酵素有助消化，但對於敏感體質的人來說有一定的危險，菠蘿酵素有可能產生急性過敏，引起腹痛皮膚痕癢、口舌麻痹等。因此，在食用新鮮菠蘿前，最好先以鹽水泡浸十五分鐘或加熱後食用，以減低過敏風險。

從中醫角度，菠蘿性平、能清暑解渴、祛濕、補氣血，但每次不能吃過量，適可而止。而患腎病、發燒、皮膚過敏或濕疹者更不宜多吃菠蘿。

我們在街市及超級市場買到的多是進口菠蘿，產地大多來自菲律賓，當地長年氣候炎熱，適合種植菠蘿，因此全年都能在香港找到來自菲律賓的菠蘿。當然菠蘿也有當造期，就是每年的六月至八月，這個時期的菠蘿特別大，多汁、香味濃郁。

很多人對揀選菠蘿都會有些疑問，不知怎樣的菠蘿較香較甜，我自己鍾情的某牌子菠蘿；就是特別香濃清甜，甜度十分平均，但有些只甜不香、或只香不甜，用來做果醬都較為遜色。

我們一般在市面上買到的菠蘿都較生，大多要存放在室溫三至四天催熟，用來做果醬的菠蘿更應待成熟一些才使用，香味會更濃郁。已成熟的菠蘿表皮呈淡淡的黃色，手指按下有點軟身，能聞到菠蘿的香氣。由於菠蘿成熟過程是從底部開始，因此底部的果肉會較甜及多汁，在催熟過程中，我們可切去菠蘿頂部的葉，將菠蘿倒放，使果肉的甜度及果汁平均分佈在整個菠蘿內。

菠蘿在水果中算是果香濃度較高的水果，非常適合烹煮濃縮成果醬，而且可配合一些香料，如薄荷葉等增加果醬的清新感及層次。

保存期：3個月

Pineapple Jam
菠蘿果醬

03
夏

果醬製作方法 Step by step

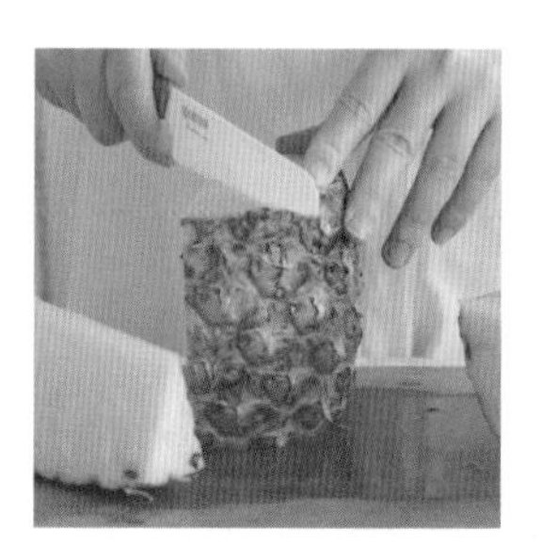

材料：

菠蘿 450g

冰糖 200g

鮮榨檸檬汁 50g

做法：

1. 菠蘿清洗乾淨，將頭部及底部切除。豎切成8份後去皮釘。
2. 將一半份量的菠蘿切件後，以攪拌機打至蓉狀；剩下的另一半菠蘿切粒狀，由於菠蘿加熱煮成醬後果肉都不會溶爛，因此將部分菠蘿打至蓉狀，才能方便塗抹於麵包上。
3. 將菠蘿果蓉及粒混合，加入檸檬汁及冰糖拌勻，放入雪櫃中約5小時，使果香溢出。
4. 將糖漬後的菠蘿倒進鍋中，以大火煮滾，開始時水分會較多，不停攪拌有助水分揮發。當果醬煮至黏稠狀時，轉至中小火，繼續收乾一點水分，並用濾網撈走泡。以第一章的方法測試果醬黏稠度，如成功趁熱將果醬入樽及倒扣。

菠蘿莫吉托
Pineapple Mojitos

炎炎夏天，使用果味香濃的菠蘿果醬製作一杯透心涼夏天特飲，簡單方便。

材料：

新鮮薄荷葉　約 8 片

青檸　1 粒

Rum 酒　少許

冰粒　4 顆

梳打水　1 杯

菠蘿果醬　2 茶匙

做法：

將薄荷葉壓碎出味，然後將所有材料放入杯內拌勻，最後可加上一些新鮮菠蘿及薄荷葉作裝飾。

SUMMER 04
- Passionfruit -
熱情果

失敗，正是考驗你熱情的時候

再遇熱情果

我最初學習製作的第一款果醬是柑桔果醬，但過程並不順利。挑選了三款不同品種的桔去試不同份量配搭，辛辛苦苦把柑桔果肉起出，果皮切絲，到可以開火烹煮已是深夜，懷着興奮心情，等待着成品出爐的一刻——可惜一個不留神，竟煮焦了！

記得我最愛的電影之一《About Time》裏，當中的主角有穿越時空能力，能回到過去改變已發生的事。現實生活中，我們當然沒有這種穿越能力，剛才幾小時的準備，需要再重新來一次，實在叫人灰心不已。但失敗往往是考驗你熱情的時候，我大叫一聲，又再重新切絲……

但這卻讓我回想起了我的中學同學——阿板。阿板是外校插班進來的中五重讀生，來了後一直獨來獨往，只聽聞她從前在外邊是個壞學生，每天上課時，她似乎都是鬱鬱不歡的。直到一天火警演習於操場集隊，她站在了我前面，忽然轉身跟我交換了名字，然後看着我說：「喂，比心機讀書，重讀感覺好難受！不過你唔會明。」

其實我明白，因為我也有過這樣的重考三次樂理試的經歷。

第一次考我仍是讀小學，不合格是我預期之內，當時我的確不愛讀書，哪有能力再承受樂理。不合格後，我重複再到樂理班上課，身邊卻是一批新同學，老師更經常因我是重讀而留難我說：「你學過，這問題你來答。」我逐漸開始怕去上樂理課，甚至心中冒出放棄繼續學鋼琴的念頭。但我卻感到不甘心，我可真是喜歡彈琴的！反正學校成績一向都差，就不管功課，整日所有時間全力去溫樂理了！可惜，第二次出來的成績仍不合格。由於要考六級以上的鋼琴試，必須先考獲五級樂理，鋼琴考試日子快到，但我仍未通過這樂理試，這回連一直支持我的爸爸也着急起來，竟親自出馬陪同我一起到第三次考試的試場。就在進入試場前，我終鼓起勇氣跟我爸爸說：「如果又再不及格，我就不再考了，鋼琴考試也不考，但鋼琴仍然可以繼續每天彈呀！」這是我重複失敗迫出的樂觀想法。但我爸亦沒有辦法，嘆了口氣，叫我進去比心機考，結果那次便順利成功了。

我不知道阿板那天為何只挑選了我來說這番話，但我卻因此開始跟她交上朋友。我開始被她每天放學後拉着一起去找老師補課，我們溫習至入黑學校關門，然後一起在街燈半亮下離開學校。

直到考試前最後上課的一天，經濟科老師為我們作最後複習，送我們到學校門外。我們同樣地默默地在街燈下離開，途中阿板突然有點顫抖地開口說：「很不捨得，我沒想過在這學校重讀會遇到這幾位好老師……和你。」不知怎地，聽着她的話，我心裏也感動得想哭。

預科時看了保羅．科爾賀的《牧羊少年奇幻之旅》，啟發了我很多很多，不害怕失去手中擁有的，反而每一個的重做過程，總會有意想不到的收穫。其實，阿板經歷重讀後可能不再覺得重讀是一回事，當中她體會到勤奮，遇到良師和我這位益友。（哈哈！）

回到製作果醬，失敗無數次，但每次的重做卻是給我嘗試調節味道、創出不同口味的機會，我相信生活中的每個「重做」，都有它出現的意義！

關於熱情果

熱情果是夏天的當造水果，氣味特殊，因熱情果當中含有一百多種化合物，果香非常強烈濃郁，亦有非常高的營養價值。熱情果性溫，能祛風清熱，內含非常豐富維他命C，可預防感冒；當中的果酸及膳食纖維能幫助消化，減少胃脹及便秘情況；另含有維他命E、茄紅素，能有效提升腎臟功能，所以中醫有熱情果能滋陰保腎之說。

熱情果果醬也曾是我重做的果醬之一，製作時心急，將未煮至黏稠的果醬入樽，以為能借助熱情果本身的果膠使果醬凝固，第二天發現那批果醬完全成液態，仍需重做！我不擔心重做熱情果果醬所花的時間，反而是能否買到熱情果卻令我擔心。熱情果在市場上較為少見，有時會在高級超市找到法國或澳洲進口的，兩顆熱情果卻要三、四十元的價錢，用來做果醬極不划算。所以，要留意果欄的熱情果什麼時候有進貨，一般有來自中國及越南的，價錢亦比較合理。

一次，由於多次買不到熱情果的經驗，於是便走到花墟買下兩棵熱情果回家種。雖然果實不足以夠我用作製造果醬，但不料看到熱情果的一段美麗成長過程。原來經常吃的熱情果，其花朵是十分獨特美麗，白色的花瓣，承托着一絲絲漸變紫色的副花冠，中間頂着蕊柄。那天下午，我用了一段時間好好欣賞熱情果的花；再過了幾天後開始枯榭，青青的熱情果慢慢長出來。

製作熱情果果醬時，適宜選用外表已成紫色及開始出現皺皮的，果味會較香濃。另外，如害怕煮出來的果醬太稀，可在烹煮果醬時，加入青蘋果芯，當果醬完成後，再將青蘋果芯取走。由於水果當中，青蘋果中的果肉、核、果皮的果膠十分豐富，可借用青蘋果果膠增加果醬的黏稠度。熱情果也適合與其他果香濃縮的水果混在一起烹煮，如菠蘿、芒果等。

保存期：3個月

Passionfruit Jam
熱情果果醬

04
夏

果醬製作方法 *Step by step*

材料：

熱情果果肉　600g

冰糖　250g

鮮榨檸檬汁　70g

做法：

1. 將熱情果切半，刮出果肉。一般會保留當中的黑色核在果醬內，吃起來有口感，咬破後帶有杏香。如不想在果醬中吃到這些核，則需要慢慢挑出來，或用魚骨袋將核隔開，只使用熱情果果汁來製作果醬。
2. 將冰糖拌入果肉中，放置雪櫃約 5 小時，令果香溢出及減短烹煮果醬的時間。
3. 將糖漬後的果肉倒至鍋內，以中大火煮滾，烹煮期間會出現泡沫，儘量沿着鍋邊攪拌，可減少泡沫產生。
4. 果醬差不多完成時，色澤會比之前深色及呈半透明，這時可將火轉小，將剩餘的泡沫撈走，以第一章的方法測試果醬黏稠度，並趁熱將果醬入樽及倒扣。

烤雞翼拌熱情果果醬
Roasted Chicken with Passionfruit Jam

各人對醃製雞肉都各有各法，除了基本醃製材料外，我喜歡加入肉桂粉及薑粉，令烤出的雞色澤更好，同時能吃到若隱若現的肉桂香，配以酸味較種的熱情果果醬，超級醒胃。

材料：

雞翼 10隻

熱情果果醬 2茶匙

醃料：

鹽1 茶匙

糖1 茶匙

醬油1 湯匙

胡椒粉 半茶匙

肉桂2 茶匙

黃薑粉 1茶匙

做法：

1. 雞翼與醃料混合，放入雪櫃約6小時。
2. 預熱焗爐220度，將醃製好的雞翼焗約15分鐘。將雞翼取出，於表面塗上一層熱情果果醬後，再入焗爐焗多5分鐘即可。

SUMMER 05

- Mango -

芒果

五月至七月 · 夏

就是記得夏天的芒果很香，很甜，還有……

每個人的中學時期，總有一位老師，他經常帶着笑容，極之隨和，跟學生亦師亦友。但我永遠欺善怕惡，以千方百計挑戰他們的容忍極限為樂。中四那年，初夏，大家都趕着為會考作準備，各科都安排額外補課時間，我的中文老師李老師只能安排在星期六，我們當堂怨聲四起，「哎！星期六都要補課？！」天怒人怨啊大人！李老師好像早已準備了應付我們，竟跟我們交換條件：「課一定要補，但你們只要回來聽書，在課室上吃喝都不管。」大家聽後，嘴角即露出冷笑：這分明是挑戰我們的創意啊！老師。

記得那時天氣熱得很，一般同學準備了冷飲、薯片等；而我從來知道夏天吃水果是最舒心，買了一袋芒果。我個子小，都是坐在班上的前排，李老師進課室一看見我書桌上排着的芒果，眼球都快要掉下。李老師開始講課，我與鄰座同學同時徒手把芒果皮撕開，芒果香飄出，啖啖果肉，又甜又解渴，同學們都被吸引。

李老師只能無奈地繼續講課：「好，我們現在翻去下一頁。」

我與鄰座的同學面面相覷，再看看自己的手，四隻手沾滿芒果汁，那有手去翻書？……最後李老師的手突然伸來，一手按着我的書本，我一怔，難道這終於達到他的容忍底線，豈料他竟幫我們翻書，還拋一下句：「吃完快去洗手。」然後轉身繼續講課。

在課室吃芒果後的那星期，李老師將測驗簿派下來，他在我的分數旁留下一句：「不要辜負為師所望。」忽然，李老師的忍耐讓我有點內疚，而我的確努力讀書準備會考。

可惜，我的調皮太深入老師的心中，即使畢業多年，每次與李老師相聚，他總會提及我當時的中文科成績有多差：「你會考中文科剛好合格呀！作文拿U呀！」其實，我中文科成績是比「剛好合格」更好，作文還取了一個自己頗滿意的成績。多謝你，李Sir。我猜，你怎樣也不能想像到多年後的今天，我這個差學生，竟然要寫起書來……（羞愧）。放心，我一定會親手送你一本，只為再看一次你「花容失色」的表情。（嘻嘻）

關於芒果

芒果是我又愛又恨的水果，我很喜歡新鮮芒果的果香，家中有待熟的芒果時，我總會不時拿起聞一聞。芒果含豐富維他命A，有防癌功效及可補充眼睛需要的營養；同時芒果的膳食纖維豐富，有助腸胃蠕動。

但從中醫角度，對芒果又有另一見解。我以往對中醫沒有什麼認識，一直誤以為生長在熱帶的芒果是溫性水果，但原來芒果屬寒性，長大後更常常聽說吃了芒果會令身體起濕毒。我最怕聽到「濕毒」這一詞，便開始不敢多吃，只是有時聞一聞滿足一下自己。另外，芒果的熱量很高，對於血糖高或想保持身段的人，切忌多吃。所以說，芒果——我又愛又恨！

我接觸最多的芒果品種是印尼的綠寶石，由於我大舅舅一家居於印尼，每次碰巧十月至翌年一月的當造期回來香港，總會帶來幾箱綠寶石芒果。婆婆視之為真寶石般，小心翼翼將每個芒果排放好，不時走去檢查一下，再將芒果平均分配給我們幾家人。我們取回家後，亦會小心安放，已熟的但又來不及吃的，會用廚用紙一個個包好放入雪櫃；未熟的，會用盤盛着，放在餐桌上自然催熟。

綠寶石芒果外皮是綠色的，果肉深黃，很甜而不膩，伴隨淡淡芒果香。由於這品種的芒果的確十分甜，綠寶石吃完後，再吃一般街市買到的，一進口便感覺十分酸，吃不慣了。

雖說綠寶石芒果很甜，但我總覺得那甜味過份搶了果香的風頭。用作做果醬的芒果，我建議使用澳洲的「R2E2」，這個品種的芒果在每年十一月至翌年二月在香港容易買到。「R2E2」芒果體積圓大，外皮呈黃色及橙紅色，果肉鮮黃。由於果核很小，果肉多而香濃，甜度恰當，用來製作果醬能保留芒果原來的香濃果味，加入糖分製作果醬又不會過甜。

用來製作果醬的芒果，需要完全成熟，香味才能完全揮發出來，果膠才豐富。一般市面買回來的芒果仍未完全熟透，可多放置室溫兩天左右，待芒果梗部有少許透明膠液體流出，那就代表芒果可以用來做果醬了！但注意儘量不要去觸碰那些液體，特別是有皮膚過敏的人，這些液體有可能會令皮膚出紅點、非常痕癢。

保存期：3個月

Mango Jam
芒果果醬

05
夏

果醬製作方法  *Step by step*

材料：

芒果 450g

冰糖 200g

鮮榨檸檬汁 50g

做法：

1. 芒果清洗乾淨後去皮（如皮膚容易過敏，建議處理芒果時佩戴手套），將芒果肉起出。一半份量的果肉用攪拌機攪至蓉狀，另一半份量切小粒；或視乎個人口感喜好，全部果肉攪拌成蓉狀也可。
2. 將果肉加入冰糖及檸檬汁拌勻，用保鮮紙包好後放入雪櫃置5小時，令冰糖溶解及迫出芒果的水分及香氣。
3. 將芒果肉從雪櫃取出，倒入易潔鍋中，以中火煮滾。注意未加熱的芒果是漿狀的及有點黏稠感，加熱後十分容易黏着鍋底，甚至煮焦，因此必須不停攪拌鍋底。
4. 當芒果果醬開始成黏稠狀時，因水分較少，果醬會不停滾彈出來，小心燙傷；將火轉至小火，將果醬面層的泡沫取起，用第一章的測試方法，如果醬的黏稠度足夠，趁熱倒入已消毒的玻璃樽內。

芒果醬咖喱牛肉
Mango Jam Curry Beef

芒果果醬與咖喱是絕配，很多傳統印度菜，他們的咖喱經常會配上芒果醬，複雜的咖喱味道透出新鮮香芒果香，風味層次豐富。

材料：

洋葱 半個　　　　鹽 少許

紅甜椒 半個　　　　黑胡椒 少許

牛肉片 約 150g　　　　芒果果醬 2 湯匙

咖喱粉 1 茶匙

做法：

1. 咖喱粉加入約 1 湯匙清水拌勻備用。
2. 洋葱先炒至軟身，加入紅甜椒、牛肉片、鹽及黑胡椒略炒後，倒入咖喱汁炒至收水，再加入芒果果醬拌勻即可上碟。

五月至七月・夏

我的父母親

藍莓的滋味，酸酸甜甜

我爸媽是在國內出生、長大、認識，結婚後媽媽才到香港定居，而爸爸則繼續留在國內當兵，直至我出生不久，爸爸才來香港定居。

媽媽常説剛來香港時生活艱苦，一份正職，再加做一些散工，還要照顧我哥和我，每天只能睡三、四個小時。記得他們做過送報紙、車衣、清洗新樓等工作，還經常跟婆婆到廠商拿些貨品回家加工，所以我在幼稚園至小學初期已是一名家庭童工。我最愛做的是給玩具貼貼紙，每次跟我哥鬥快，而媽媽則在旁嚷着讓我們認真點，要不然會給主管罵沒糧出的；最討厭的是穿錶帶，常常弄得手指頭很痛。有時我媽亦會埋怨幾句：「我以前在國內是當教師的，學生都很尊重我。」

其後他們進了電子廠工作，生活開始穩定下來。可惜在九十年代時，香港生產業陸續遷移回國內，爸媽相繼失業了。之後，我爸唯有再次回到國內工作，我媽也就退休了。

他們在香港生活圈子不大，結交的朋友同事差不多全都是同鄉，因此到現在廣東話也未能咬字清晰，我媽説得比較好一點點，但常會嘲笑爸爸帶着濃重鄉音的廣東話，這就是我成長期間常最愛看的他們耍花槍環節。

一次，媽媽用手機跟身在國內的爸爸對話，我在房內只偷聽着媽媽激動喋喋不休地在訓話爸爸。忽然家中的電話響起，我跑去接，一聽竟發現是爸爸打來的，原來他那端早已斷線但媽媽仍茫然不知，我按捺着自己快要爆笑的情緒，把電話筒交給仍在對著空氣憤怒訓話的媽媽，然後馬上跑回房間捧腹大笑。媽媽一聽才恍然，激動氣罵：「吓？那我剛才説的話你都沒聽到呀？」這事我隔天就去報告給婆婆聽，我們兩人也爆笑至淚流。我爸媽的有趣事每天都在上演，作為旁觀者的女兒，要我看一輩子，我也不覺厭。

他們辛苦了那麼多年，到現在終於放慢腳步。爸爸放假時，就會當媽媽的隨從，媽媽到哪，爸爸總會悠悠然跟在後面，看着中年發了福的爸爸，畫面就像小熊維尼跟在跳跳虎身後般可愛。

最近，我在工作室正趕着做藍莓果醬，剛好爸爸媽媽一起來幫忙。我爸看我在清洗藍莓，竟然開口問：「這是提子呀？」我額頭立即出現瀑布汗，我媽搶罵：「藍莓呀！」我爸開始不停發問：「藍莓你有沒有吃過？」「有嗎？什麼時候？我都沒有食到。」「那個跟提子不是差不多嗎？」「什麼味道呀？」……我背着他們邊攪拌着我的藍莓果醬，跟以往一樣邊偷聽他們的對話，最後爸爸問出了一個問題：「那藍莓用不用去皮吃？」媽媽終受不了，去拿了幾顆新鮮藍莓塞進爸爸口裏，然後沒好氣說：「怎樣去皮？你說怎樣去皮？這種問題也問得出來！」

我本想插嘴幫爸爸說句：「香港都是最近幾年才多新鮮藍莓，國內現在都不是常見，不知道不出奇啦啦！」但想了想，其實他們耍花槍又來了，我又再次背着他們忍着笑。

媽媽不時也會對我囉嗦着爸爸的不是，我總是一句回應媽媽：「你們就是最佳拍檔！」

關於藍莓

為什麼我們常説藍莓有保護視力的功效呢？原因來自藍莓中豐富的花青素含量。我們的眼球視網膜內有一種化學物質視紫質，是眼睛產生視覺的最基本物質，可加強適應對黑暗弱光的敏感度。花青素能增強視紫質的活躍性，使視力變得更好；同時，花青素還能促進眼部血液循環，維持正常眼壓，不得不説對護眼的確有一定的幫助。

另外，花青素亦是天然有效的抗氧化物，這簡直就是女士的恩物，可使皮膚保持年輕，減慢細胞老化。

藍莓現在幾乎整年都能在市面買到，但想買到質素好的藍莓，便要留意他們的產地了。藍莓是在夏天當造，特別是七月盛產期。如在香港，夏天時最好購買來自美國、智利或加拿大的藍莓；而香港入冬時，最好選購南半球正值夏天的澳洲藍莓。

新鮮藍莓表面呈深藍色，個頭飽滿，表層附有一層白色的天然保護層，這些保護層不需要刻意清洗，可放心食用。如藍莓不是即時用來製作果醬或食用，千萬不要預先清洗，因藍莓跟士多啤梨一樣，沾水後容易變壞。不新鮮的藍莓表面會皺皮及出水，不宜購買及用來製作果醬。有時有些藍莓還帶些綠色，這些是未成熟的藍莓，亦不宜用作製造果醬，因甜度及香度較遜色。

藍莓果醬可以説是果醬中最容易烹煮的果醬，因藍莓的果膠成分很高，很容易便能煮出黏稠狀，如想要增加果醬的風味，可考慮加入其他水果混合一起煮，如：紅莓、黑莓、士多啤梨等。或令果醬更特別一些，可加入香料（如薄荷葉、肉桂）來增加果醬的層次感。另外，藍莓的酸味較低，加入糖分製作後果醬會過甜，大家可按照以下做法，因應自己的口味增加檸檬汁。

保存期：3 個月

Blueberry Jam
藍莓果醬

06
夏

果醬製作方法 *Step by step*

材料：

藍莓　450g

冰糖　200g

鮮榨檸檬汁　50g

做法：

1. 藍莓清洗乾淨，瀝乾水分及風乾後，與冰糖及檸檬汁於鍋中混合，以中火烹煮。注意因剛開始藍莓與冰糖混合後，水分較少，以防煮焦，必須不停攪拌鍋底。
2. 藍莓受熱後會開始膨脹，同時開始溢出水分，此時可以將火調大一點，讓水分蒸發。
3. 果醬約煮15分鐘，可以第一章的方法測試果醬的濃稠度。如想加入香料以增加風味，在關火前加入便可。
4. 用濾網將果醬表面的泡沫撈走，趁熱倒入已消毒的玻璃樽內。

藍莓蛋白霜
Blueberry Pavlova

在澳洲讀書時，很喜歡到不同甜品店，最常見的是帕芙洛娃（Pavlova），即蛋白霜。甜品店將一個個白色的 Pavlova 加入色彩鮮豔的果醬及水果，總會吸引到我的視線。其實 Pavlova 的製作並不複雜，又可配合不同的果醬味道，配上一杯熱茶，是很好的下午茶甜點。

材料：

蛋白　4 個雞蛋的份量　　玉米粉　1 茶匙

砂糖　90g　　新鮮藍莓　少許

檸檬汁　1 茶匙　　藍莓果醬　30g

做法：

1. 焗爐預熱 150 度。
2. 將蛋白與檸檬汁拌勻，用打蛋機打發，分次入砂糖，將蛋白打至發泡後加入玉米粉，繼續打至企身（約 15 分鐘）。
3. 將蛋白用匙羹舀放到焗盤上整形，以 150 度烤焗 90 分鐘。蛋白霜放涼後，加上藍莓果醬及新鮮藍莓（其他水果亦可）。

秋收

01 葡萄
02 蘋果
03 栗子
04 洛神花
05 無花果

進入秋天，天氣慢慢轉涼，人的胃口變得越來越好，容易會吃飽吃滯，如不能保持脾胃肝膽有節奏地運轉，很容易會有積食、消化不良的情況發生。同時，秋天亦要注意養肺潤燥。

秋天是多種水果豐收的季節，從暑氣未散盡的八月頭之立秋，經處暑、白露、秋分、寒露，至十月尾之霜降，共六個氣節裏，水果也一波接一波的當造，趕及在入冬前收成，我們在這裏先介紹，在八月尾九月率先當造大熟的——葡萄。

AUTUMN 01

- Grape -

葡萄

八月至十月 · 秋

葡萄

就是宇宙裏的第五元素

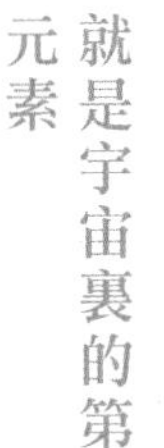

有一位很愛買葡萄的媽媽，她有一個很懶吃葡萄的女兒，每次一碟葡萄遞上，我必回一句「又皮又核，邊有時間搞呀……」隔了數天，我這個懶惰的女兒如常扮溫書之際，忽然看見一碟又一碟已去皮又去了核的葡萄放在我的書桌上，我剎那間像發現到了宇宙的第五元素一樣，我的天呀！這如天神掉落凡間給人以大口大口享受的人間美食呀——無皮無核葡萄！吃着我想起古裝片裏皇帝吃葡萄，也要有位宮女在旁為他去皮，吃完再伸手接着吐出來的核。要不然，憑葡萄有多香甜，肉有多爽，皇帝一定也會懶吃葡萄哦！

一眨眼十年過去，當出來工作後，忙得一頭煙的發呆時間裏，也曾幻想媽媽會再遞上這極品美食；我一個轉身踢我老公去弄盤葡萄過來，他卻睬我都傻。我才發現，當年我所看見的宇宙第五元素，不正正就是無皮無核葡萄，不正正就是愛心。

唯獨有偶，我自己開始動手，扮一回小宮女服待回我的皇帝相公，然後自己賞賜自己兩小顆……心底裏，一直對媽媽那無皮無核葡萄念念不忘。

關於葡萄

《神農本草經》記載：葡萄「益氣培力，强志，令人肥健耐飢，久食輕身不老延年。」中醫學認為，葡萄性平味甘酸，入脾、肺、腎三經，有補氣血、益肝腎、生津液、强筋骨、止咳除煩、通利小便的功效。

而從西方的醫學研究角度指：葡萄中含有礦物質鈣、鉀、磷、鐵以及多種維生素B_1、B_2、B_6等，最重要的就是含有大量的多酚。多酚就是能抗衡活性氧的植化素，能讓你身體抗氧化，保持青春常駐！葡萄皮和籽更含豐富的花青素，除抗氧化外，還能增進肝臟健康，是排毒的好幫手。大家可能不知道，研究報告指，葡萄的澀味就是源自這種多酚成分，所以我們做果醬時，千萬別看少葡萄「皮」的作用啊！

葡萄的品種有上千種，大部分都用來釀酒，但最合適用來做果醬的，首選一定是巨峰及黑葡萄。巨峰提子號稱葡萄之王，甜味和香氣豐富，酸味較輕，色澤近於黑色的紫色，果肉水分特別多，而且它的甜味果香獨特到是其他品種無法代替的，即使經烹煮後仍會持久保留。另外，巨峰及黑葡萄外皮厚，果肉軟而多汁，用手指一壓，果肉就能擠出。所以特別推薦給大家做果醬首選。

葡萄在水果界中，甜度算高，葡萄糖成分有百分之十至百分之三十，下過多的糖會令甜味大過果香，過少的糖則難令本身果膠成分低的葡萄成黏稠狀。所以基本上，建議保持下佔果肉四成重量的糖分比例。同時為免果醬過甜，可在烹調果醬時加入新鮮橘類水果的果汁，令果醬鮮味提升之餘，亦可中和甜度。

葡萄肉的果膠成分較低，即用來製作果醬時，果醬液態會較稀薄，但為了吃得天然，不加化學凝固劑，我們必須用盡葡萄的每一部分。葡萄的皮及核都含果膠成分，所以必須物盡其用，將皮及核都利用上，同時，還能保留令人着迷的天然浪漫紫色呢！

製作葡萄果醬的心態跟媽媽當時為我將葡萄去皮去核的心態一樣，必然帶着「愛」去做這件事，因為製作葡萄果醬的過程的確漫長，從清洗、每粒去皮去核、提取葡萄中的天然色素，到煮果醬，可能也需用上大半天。

保存期：3個月

Grape Jam
葡萄果醬

01
秋

果醬製作方法  *Step by step*

材料：

葡萄（去莖） 600g

冰糖 250g

鮮榨檸檬汁 35g

橙果皮碎 1/3 個

鮮榨橙汁 15g

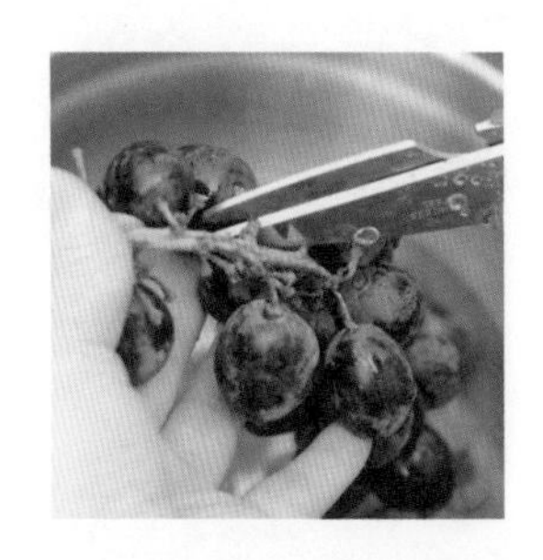

做法：

1. 將一串葡萄用剪刀每粒連椗剪下，用清水洗淨後用水浸 15 分鐘。清洗時避免令果肉碰水，以免葡萄容易軟爛。
2. 瀝乾水分，每粒葡萄去除椗部。用手指壓葡萄尾部，擠出果肉，連果汁用鍋盛起，果皮用另一碗盛着備用。
3. 用中火將葡萄果肉及果汁煮約 5 分鐘或至果肉軟身後，用濾勺過濾，壓出果蓉，並將果肉內的核擠出分開。
4. 在鍋內放入剛才壓出的果蓉，加入冰糖、檸檬汁、橙皮碎及葡萄皮，用大火煮約 20 分鐘，期間需要不停攪拌，如發現開始成黏狀，即轉至中火。為避免煮得過火，20 分鐘後用第一章的測試果醬方法測試。如果完成，果醬會呈有光澤及黏稠狀。

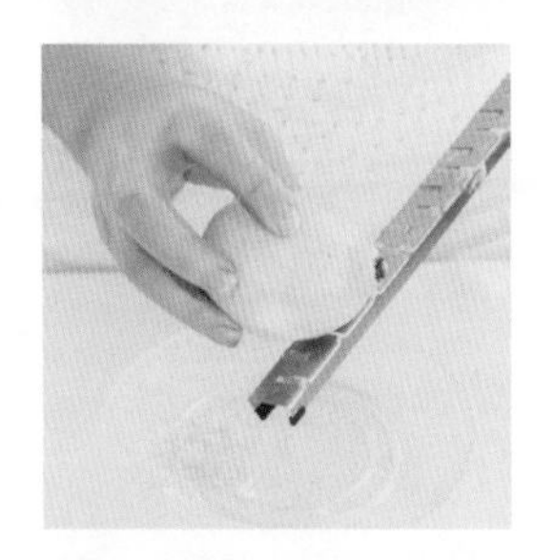

* 葡萄果醬入肉桂粉或雲呢拿籽作香料都很配，在果醬差不多製作完成、關火前按個人口味加入就可以了。

安格斯牛肉粒配葡萄果醬
Angus Beef Cubes with Grape Jam

我以往對吃肉的興趣不大，往往兩小塊肉入口，已開始受不到那道油膩感，但最近開始用果醬來配合肉類，接受肉類的程度增加了許多。肉類配上果醬，果醬的甜與酸令胃口大開，油膩感大減。同時，以最少的調味能吃到肉汁鮮味，不用另煮醬汁，簡單方便。

做法：

安格斯牛肉粒　半磅

牛油　1茶匙

鹽　少許

檸檬汁　1茶匙

葡萄果醬　適量

做法：

1. 牛肉粒瀝乾水分。在煎鍋中加入牛油，待牛油溶後放入牛肉粒煎至五至六成熟，加入鹽調味。
2. 上碟後擠點檸檬汁，配上葡萄果醬一併享用。

AUTUMN 02
- Apple -
蘋果

那袋蘋果

原諒我那天生你的氣

自小我經常跟婆婆外出，特別在學校放假時，每天清早我們相約在樓下馬路口見，一起步行到附近的公園，我們會走進公園內的樹蔭間，婆婆說早上的樹很多露水，空氣特別好，叫我大大力呼吸，吸多些新鮮空氣。穿過一條樹蔭小路，便有一條很長的樓梯，我們會走上樓梯盡頭的空地做早操，直至其他小朋友起床出來，我便跑到水池那邊跟他們下水玩，婆婆則在旁與她的「公園友」聊天。

然後，我會與婆婆步行大半個小時去一個較遠的街市買菜，她說那邊選擇多，價廉。但婆婆有時要我獨自在街市樓梯那邊等她，說街市內人多，地下濕滑，帶着我比較麻煩。一般，婆婆進去買菜，半小時便會回來接我，但這次我等了差不多兩小時……

我坐在街市的樓梯上，不停看着手錶，皮錶帶是深紅加墨綠色橫間，錶面中間有一隻小鴨，穿了一套棒球裝，動作是在跑着，上面是黑色的長短針，秒針走得比我心跳慢，開始越來越慢。我從未如此認真仔細地看我的手錶。我開始緊張……

我不怕婆婆忘記了來接我自己回家，我懂回家的路，我就是亂想着婆婆是不是在街市內滑倒，跌傷了，期間突然聽見救護車的鳴聲，更嚇壞了我。我在樓梯坐立不安，走到街市的入口左右望，又馬上回到樓梯處，怕婆婆來了見不到我。我又想要不要獨自走進人潮洶湧的街市內找她，但又怕與婆婆失諸交臂，我還是選擇了忐忑地「坐以待斃」。

當我融入手錶秒針的節奏時，人開始睏起來，在樓梯上抱着雙腿快要睡着之際，婆婆終於出現在面前，她兩手拿着一袋袋蔬菜、海鮮、水果。我看見婆婆時，眼淚湧到眶邊，婆婆意會到我快要哭，舉起手上一大袋的蘋果，笑着說：「是不是等了很久？這個呀，我等了很久，老闆說會有一箱新鮮的蘋果送來，我就在那等。」我看了看那袋蘋果，擦掉眼淚，從婆婆手中搶了那袋蘋果，獨個兒走在前。路上我還生着氣，心內不停罵着：「就是你害我等那麼久！就是你嚇我，以為婆婆出了什麼事！」間接，我也在生婆婆的氣。

婆婆在後面上氣不接下氣地用她最快步速緊貼我，我卻忘記了她手上還有很多袋的餸菜。差不多走到家，我回望，不見了婆婆，回頭去找，原來婆婆進了麵包店，她說要買菠蘿包給我吃，那天還加了一個蛋撻。

長大了，陪伴婆婆的日子也少了，我由寄住在婆婆家，到回去自己家住，我離開時在屋外等電梯時，婆婆隔着家的門閘跟我說：「真的要走呀？我會不捨。」幾年後，我離了家人到近郊住，婆婆同樣在屋內隔着門閘跟我說：「真的要搬呀？我會心掛。」兩次，我都在電梯前靜靜流着淚離開。

雖然搬遠了婆婆家，我不時也會過去探她，帶她出去吃東西，要她陪我去看她看不懂的戲，繼續一起到公園散步，如以往一樣。直至一天在公園聊天時，她問起我：「人為什麼要死？」我呆了一刻，那時我才意識到她老了，恐懼死亡，但只有讓她再有期望，那就會變得沒什麼可怕的了。我跟婆婆重提那年在街市等她的事，我說：「即使你走了，我也會像那天一樣，

不會跑開，就在這裏等你好好休息後再回來，但這次不會生你的氣了。」

散步後到婆婆家，她拿出一個蘋果：「我們一人一半，一起吃。」

關於蘋果

蘋果中含有一種叫「蘋果酚」的物質，極容易被人體吸收，是天然抗氧化劑。

四時之秋與肺相應，踏入秋天天氣變得乾燥，氣管亦很易敏感，中醫認為主要因為肺、脾和腎較弱。蘋果是秋天的果實，不燥不涼性平，能生津解毒，護胃補氣，還有很好的潤肺功效；蘋果含豐富果膠，這種天然果膠是一種食物纖維，與蘋果的有機酸合力減去腸道細菌，預防便秘，亦能穩定血糖。

另外，蘋果中含有一種叫「蘋果酚」的物質，極容易被人體吸收，是天然抗氧化劑，能抑制體內黑色素及自由基產生；因此，吃蘋果能增強抵抗力，對抗衰老。蘋果亦能抗抑鬱，原因來自蘋果的果香，能令人心情放鬆，舒緩壓抑感覺。

蘋果的品種有很多，常見的有硬脆的美國蛇果、果肉細嫩多汁的富士蘋果、綠底粉紅果皮果肉鬆脆的紐西蘭 Pink Lady。近兩年在香港還到處看到日本品種的，例如王林、紅玉、津輕等，但一般價格都較貴，普通每個要二十至三十元不等，甚至更貴。

我一般使用富士蘋果來製作果醬，其肉質比蛇果嫩，又比 Pink Lady 爽，而且多汁，果香特別濃。香港買到的富士蘋果大多從中國進口，但前幾年曾爆出國內部分富士蘋果以「農藥包」種植，即是將一袋裝有農藥的小袋，包着幼果，加速蘋果生長，從而增加產量，同時亦會令蘋果外表更有光澤、防腐以延長保存期。更有些蘋果被打了蠟、膨脹劑、染色劑等。所以現在吃富士蘋果為安全起見，必須去皮後才食用。

可是蘋果的皮有豐富的營養價值，比蘋果果肉部分有更多抗氧化物質，可惜被這些不法農商暴殄天物。香港氣候不適合種植蘋果，最近很高興在網上找到一間由香港人在內地高原種植的有機蘋果，剛剛九月左右開始有收成。但該農場萍叔說十月中左右會更香甜。

蘋果切開後很快就會褐變，這是由於蘋果中的酵素遇到空氣中的氧氣而產生的，褐變是為了抵制空氣中的細菌，以防腐爛，因此對營養價值不會受很大影響。如果害怕因為褐變而影響果醬的色澤，建議將切開了或攪蓉了的蘋果用保鮮紙覆蓋；另一方法是先榨取適量的檸檬汁，將切起的蘋果拌入檸檬汁中。

保存期：3個月

Apple Jam
蘋果果醬

02
秋

果醬製作方法 *Step by step*

材料：

蘋果　500g

冰糖　200g

鮮榨檸檬汁　50g

做法：

1. 蘋果洗淨後去皮，如使用有機無農藥的蘋果，果皮可放在茶葉袋或魚骨袋內一併加入果醬中烹煮，將果皮中的營養煮出，在果醬入樽前取起。

2. 將2/3的蘋果打成蓉，剩下的1/3切成丁狀。將冰糖及檸檬汁混入，以中大火一邊攪拌將果醬煮滾及冰糖溶解，其後轉至中火。

3. 留意蘋果果醬煮滾後，熱氣會令果醬彈跳得十分厲害，注意燙傷，建議帶上隔熱手套來攪拌，如果醬滾得太大，將火再調細點。

4. 蘋果果醬煮至收乾部分水分，不能煮得太乾水，否則會在存放於雪櫃後會因水分過少，而讓果粒變得十分硬身，及呈膠粒狀。

5. 最後，以第一章方法測試果醬是否完成，儘快趁熱入樽及倒扣。

蘋果穀物粒
Apple Granola

早餐時，我除了經常喜歡在原味乳酪內加入果醬外，還喜歡加入自製的穀物粒。但超級市場外國進口的穀物粒不算便宜，有時又不合自己口味，不如自己動動手，用果醬製作自己喜愛的穀物粒，配料亦可按個人喜好加減呢！

材料：

蘋果果醬 1杯
蜂蜜 1/2杯
橄欖油 2茶匙
肉桂粉 1茶匙
燕麥 4杯
鹽 1/2茶匙
杏仁 1杯
合桃 1杯
提子乾 1杯
松籽 1/2杯
亞麻籽 1/2杯

做法：

1. 預熱焗爐至150度。
2. 除提子乾外，於大碗內將其他固體材料混合拌勻；於另一杯內將液態材料混合，再倒入已混合的固體材料內，慢慢拌勻成漿狀。
3. 將穀物漿平均鋪平在焗爐盤上，焗20分鐘後，略略翻一翻穀物以防變焦。再焗約20分鐘，至穀物成啡色即可取出。加入提子乾拌勻後待涼。
4. 放涼後的穀物會變脆，可粗略把其分成粒狀，儲存在密封玻璃樽內。

AUTUMN 03
- Chestnut -
栗子

我與栗子的重遇

第一次與我老公相遇是在朋友聚餐上（是婚禮前的兄弟姊妹聚餐，我當好友婚禮的姊妹，他當新郎的兄弟）。還記得那天我在公司忙了一整天，頭痛着去晚餐，坐了久久人還沒齊，就是等他出現，心裏不停咒罵：「什麼人那麼遲呀，快點吃完我要回去休息！」怎知進來的是一位小丸子卡通內長臉版栗子頭——永澤同學。更想不到的，這個栗子頭在三個月後會成為我的男友。

如何跟他發展的就不多說了，老土點用「緣份」解釋一切。

我們相信前世今生的因果關係。這位栗子頭的出現實在完完全全改變了我，其實不能說改變了我，而是把我帶回去一個原來的我。那時在律師樓上班，每天渾渾噩噩地上班下班，「生活」是什麼都忘記了，認識了他以後，放假時我們會到郊區各自靜靜地看書、喝茶，或去看展覽、表演等，這都是我喜歡做的事，就是以往欠了一位同行者。

每次回想起他的出現，都有一種莫名感覺：「這是我們靈魂的第幾次相遇呢？」

在我們相處期間，發現了兩人之間有太多巧合的事，小則我們身上各有一顆痣，對着站時，剛好十分對稱，說是上世留下的記認，哈哈！大則不論是生活中的瑣事還是靈魂磁場上的交流，都使我不得不承認，世上真是有命中注定這回事。

拍拖第二年，我們一起歐遊。在羅馬大街小巷穿梭時，他說那天我們要像《羅馬假期》電影那樣去路邊茶座喝杯咖啡吃甜點，到大大小小的教堂走走，去鬥獸場、萬神殿、真理之口……最後我們到達人潮洶湧的西班牙廣場，他要我跟 Audrey Hepburn 一樣來杯 gelato，我說不！因為我被路旁幾檔賣栗子的攤檔吸引，說：「去找你的同類吃！」

我們初時以一般消費者心態，巡視哪檔的栗子較大，但每一檔的栗子都十分平均，非常的大，是我有生以來所見的最大的栗子哦！最後，我們隨便找了老闆樣子較和善的一檔買，哈哈！老闆將牛皮紙捲成雪糕筒狀，放進熱騰騰的栗子交給我們。我們在羅馬街頭邊走邊剝着栗子殼，將各自剝出來的栗子肉塞進對方的口裏。被美味的栗子吸引着，都忘了欣賞街上一切，不經不覺走到了人潮擠迫的許願池前，終於先放下手上栗子，在袋中掏出硬幣，一人一枚，合十許願後將硬幣拋進池內，我跟海神說：「希望我和栗子頭能一起走更多的路去感受世界。」

過了幾天，他在巴黎向我求婚。

我爸爸在雙方準備結婚、兩家人見時，用「志同道合」來形容了我們。

婚後兩年多的今天，我們還是不感羞澀地去表達有多愛大家。他常說，每天都要擁抱一下，說句：「我愛你。」每天早上第一句我都會跟他說：「Hello，又見到你了！」我說早上張開眼，而他就在身邊就是每天最簡單又開心的事，我會感謝新一天的到來。

我們經常談論人生哲理，他說他不怕自己突然死去，因為靈魂還是會繼續旅程；而我，的確十分十分沉醉在現在的生活狀態中，不願突然結束死去，我想我倆的靈魂這生在一起，能有更多的進步升華。

但即使有一天不幸突然離開，我想跟他說——

「我們必會再次相遇，請守時！」

關於栗子

栗子味甜，屬溫性，能健胃，益脾腎。不要以為腎功能健全對男士才重要，我的中醫師告訴我，腎對女士亦十分重要，特別是要準備生小孩的女士，腎功能不好，腎水不足等，都較容易有流產情況，所以男女都應注意保腎。栗子有「腎之果」之稱，由於腎主骨，栗子對腎有益，同時亦會減少腰酸背痛的毛病，對小朋友的骨骼發展都十分有幫助。栗子同時亦能補脾胃，令消化系統正常運作，能幫增強吸收食物中的營養。

栗子中的蛋白質、脂肪、維他命B_1、B_2十分豐富，能提供身體需要的熱量。但即使栗子的營養豐富，亦不宜一口氣吃過量，特別是在飯後，不宜吃栗子。這是因為栗子含豐富澱粉質，飯後吃可能會吸收更多熱量，令體重增加；另外栗子較難消化，消化不良者，亦切忌吃過量。

栗子主要產地來自中國、日本、韓國或歐洲等地，每年七月開花，九月結果，十月便可收採成熟的果實。如何識別栗子的品種？《草本綱目》對此有清晰記載：「栗之大者為板栗，中心扁子為栗楔。稍小者為山栗，山栗之圓而末尖者為錐栗。」

此四種栗子的品種都能在香港買到，栗子體積越小，味道會越香甜。選購栗子時儘量選果身飽滿光滑的，如發現殼上有一點點的小孔，即代表已被蟲蛀了，不宜購買。但很多時我們在街市或超級市場買的栗子都不能一顆顆去揀選，甚至很多時看見果身十分完整，但回去煮熟後，剝開才發現果肉是黑色的，還帶有一種臭青味，那就是壞了。

很多時，烹煮後的栗子放涼後較難脫殼，殼內的衣又常常黏着果身，可用熱水浸泡一會，剝殼時每一顆起肉後，再由熱水中拿另一顆出來剝，只要保持一定的溫度，便很容易脫殼；另一方法是，煮前在栗子頂端剟一個小十字，當栗子煮熟後，頂端的皮便會爆開，方便去殼；如不用保持完整的一顆栗子（例如用來製作栗子醬），可直接將熟的栗子切開一半，以匙羹將栗子肉刮出，更方便快捷。

保存期：3個月

Chestnut Jam
栗子醬

03
秋

果醬製作方法  *Step by step*

材料：

栗子肉　680g

冰糖　270g

牛油　150g 或牛奶　300ml

鮮榨檸檬汁　20g

做法：

1. 將栗子洗淨，用隔水蒸或水煮法將栗子煮熟。由於不需要保持原粒栗子，可將栗子切半，以匙羹將栗子肉刮出。
2. 刮起的栗子肉，以攪拌機磨成糊狀，加入冰糖及檸檬汁，用小火先將冰糖煮溶。由於栗子蓉的水分很少，因為十分容易黏鍋底及煮焦，烹煮時必須留意火勢及不停攪拌。
3. 如使用牛油：栗子醬質地會較粗，但會更香濃。將牛油加入，拌勻直至所有牛油粒溶化，煮至 103 度即可
4. 如使用牛奶：栗子醬會較滑，容易推開。將牛奶加入拌勻煮至 103 度即可。
5. 以第一章方法，將栗子醬放入已消毒的玻璃樽內並倒扣。由於此醬有牛奶類成分，放涼後應放雪櫃儲存。

栗子醬朱古力蛋糕
Chestnut Chocolate Cupcake

在秋天的下午，經常想簡單焗一爐熱呼呼的蛋糕，再配杯熱茶作茶點。不想準備太多材料，家中可準備一盒混合蛋糕粉，隨時都可以為自己製作一份簡單美味的下午茶了。

材料：

低筋麵粉 2杯	梳打粉 3/4茶匙	雲尼拿香油 1茶匙
無糖朱古力粉 1杯	糖 2杯	牛油（室溫） 250g
雞蛋 5隻	鹽 1/2茶匙	紅莓 20粒（裝飾用）
泡打粉 3/4茶匙	牛奶 1杯	栗子醬 3/4杯

做法：

1. 預熱焗爐至180度。在大碗內將低筋麵粉、無糖朱古力粉、泡打粉、梳打粉及鹽過篩。將雞蛋的蛋白與蛋黃分開備用。
2. 於另一碗內將牛油與糖混合，用打蛋器以高速打發至軟綿狀後，加入蛋黃繼續打發。將牛奶及雲尼拿香油混入拌勻。
3. 將麵粉分四次倒入，並以最慢速將粉漿拌勻。
4. 蛋白先分開打發至企身，再輕輕拌入粉漿內。
5. 以匙羹將粉漿平均分在蛋糕紙杯內，進焗爐焗20分鐘；完成後將蛋糕取出置涼。
6. 於蛋糕的中心位置刮一小洞，將栗子醬釀入蛋糕內，再用紅莓於蛋糕面上作裝飾。

AUTUMN 04

- Roselle -

洛神花

八月至十月 • 秋

我發現了爺爺的寶物

洛神花

在結束了朝九晚五工作後的「無業」期間，我搬離了生活了差不多三十年的市區，搬到近郊地方居住，更開始養成在天台種植的習慣。將一顆一顆小小的種子下泥，每天照料它們，發芽、成長、結果、收成，再送到餐桌上，每個過程我都十分享受，更讓我想起住在鄉下的爺爺。

我爺爺現定居在大陸福建省，他大半生都在農田裡度過，所以即使在今時今日的社會，爺爺仍討厭坐車坐船坐飛機，他耳朵不好也很少講電話，更不會用視頻等這些科技產品。要與爺爺說話，便要訂張機票或火車票，親身走到他面前說，這個溝通方式在這年代可說是超級難能可貴，因此見面時的每一句話我都覺得很珍惜。

在我無業期間曾回鄉了一段時間，那時對小型家居種植有了一點點經驗，回去與爺爺交流。爺爺現在雖然已八十多歲，但由於每天仍保持日出而作、日入而息的生活，吃喝簡單，身體算十分健壯，說話還很有中氣。現在每天在家中花園內種些菜，種些豆，品質好的留來自己家人吃，菜老了點，便會切碎來餵家中的雞，母雞又會每天為他生幾顆雞蛋。

一天，我爺爺說要外出買農藥來滅蟲，我說科技荼毒十分大呀！這麼多年了，爺爺仍用農藥！我見爺爺的田種了很多辣椒，便跟爺爺分享了自製辣椒水來滅蟲的資訊，他感到十分新鮮。馬上一一說出他種植的煩惱……如小鳥常來偷吃菜、豆角的葉又黃又枯——我盡力用我那幾個月來的種植經驗與他分享。

最後，爺爺拿了一個生銹的舊鐵盒出來，見他視之如寶物一樣，小心翼翼打開，原來盒內裝滿了種子！我緊上心想：「不是要考我那些是什麼種子吧？我那會知道呢？」原來，爺爺想給我介紹每款的種子，還帶我遊他那小花園，跟我說這樹就是這種子種出來的，那茶花就是這種子……最後有一小包種子，他說是鄰居送的，他不知是什麼名，只是說：「它結了果能採下煲水飲，紅色的，說對血管什麼的很好。」我拿起種子，就知道是洛神花的種子了！因為我家那時也剛剛種出了洛神花苗來。我叫爺爺在春天播種，秋天就有收成了。

接下來幾次回鄉，爺爺都十分興奮地問我最近還有沒有種植，種了什麼，今年的茶花開得很美，要不要移植點回去……我想在爺爺的心中，能與他傾談種植這門話題的孫兒，也就只有我一個，家中能明白一顆種子至收成間所帶來的興奮，亦只有我與爺爺能理解。

最近看了一本書《鳴響雪松》，當中一個章節就說到種子的能量，大意是：種子能治癒人身上的病痛，只要由播種一刻，種植其間，每天與那盆植物（包括種子、泥土、植物）接觸及交流，它們就會接收到個人的身體信息，了解其體內的病痛，從而使種出來的蔬果最適合種植者食用，能療癒體內的疾病。原理是，當種子接收到種植者身體信息後，便會將信息傳達到宇宙上，天地便會知道如何滋養這農作物，種出最營養合適的蔬果。即種子是人類與宇宙交換能量的一個橋樑。

人能與植物交流，我是十分相信這點的！因為自己也經歷過，但對這剛得知的遠古種植療癒法的確十分感興趣，急不及待地希望馬上在天台嘗試，還有要訂張機票回鄉下跟爺爺分享這個天大消息！

關於洛神花

洛神花同時含有豐富α的花青素、黃酮素、多酚等

洛神花是其英文名Roselle的譯音，又名「山茄」及「玫瑰茄」，原產地在非洲及印度，在中東一帶非常流行飲用洛神花茶來解渴。洛神花適宜在溫暖氣候下生長，一般春夏播種，秋天時開花結果，一般花期達兩個多月。洛神花凋謝後，花萼便會慢慢轉為深紅色，此時可採下新鮮食用或曬乾儲存。

洛神花的使用價值十分高，無論其花萼、莖部，以及種子都有不同使用價值。花萼部分去除中間的種子，可用來製作果醬、果茶、蜜餞、釀酒等；莖部有豐富纖維，可用作造紙；而種子能入藥，具利尿之功效。

洛神花因含檸檬酸，所以酸味十分強烈，能幫助平衡體內的酸鹼值，增強免疫力；同時含有豐富的花青素、黃酮素、多酚等，有很強的抗氧化功效，可強化心血管、降血脂血壓、護肝、促進新陳代謝；又能清熱解渴，是夏天消暑佳品。醫學研究發現，洛神花中含有的黃酮素是與人體雌激素十分類似的植物雌激素，因此有助抑制與荷爾蒙有關的癌症，具有保健功效。但由於洛神花屬涼性，體虛者或月經期的女士不宜多吃。

每年入秋時很容易能在街市買到新鮮洛神花，一般是從中國入口，選購時需留意花萼外觀飽滿、呈深紅色、水分仍十分豐富的才為新鮮。如採摘後已擺放一段時間、花萼變的柔軟，即水分亦較少。香港亦有很多農場會種植洛神花，入秋時可到郊外走走，直接到農田購買現摘洛神花。一般香港種植的洛神花沒有下農藥，因此花萼部分會吸引很多小昆蟲，如螞蟻蜘蛛等，但回家清洗乾淨就可以。

製作洛神花果醬，可加入蜂蜜，但由於蜂蜜受高溫後營養會流失及變酸，因此我一般會使用冰糖作一半糖分，於製作果醬時加入洛神花果一併烹調，到最後關火，才拌入蜂蜜。洛神花原味較酸，因此即使下足四成的糖分，果醬亦不會過甜，十分清新開胃。

保存期：3 個月

Roselle Jam

洛神花蜂蜜果醬

04
秋

材料：

洛神花　400g

冰糖　80g

蜂蜜　80ml

鮮榨檸檬汁　50ml

做法：

1. 先將洛神花洗淨，浸泡約 15 分鐘，避免有小昆蟲在內。
2. 瀝乾水分後，用刀將花萼末端切掉，會看到核的底部，可用筷子插入花萼，將果核捅出；亦可將花萼開邊取出果核。
3. 花萼與核分開後，如想吃下有一絲絲洛神花的口感，可將花萼片略為切碎；如想果醬口感較細密，可用攪拌機將洛神花打成碎粒。由於洛神花天然色素難以清洗，處理時小心沾染到衣服上。
4. 將洛神花與冰糖及檸檬汁混合，以中大火加以攪拌，煮成黏稠狀後關火，隨即加入蜂蜜。拌勻後便可裝入已消毒的玻璃樽內保存。

青菜沙律拌洛神花醬
Green Salad with Roselle Jam Dressing

很久沒有在超級市場買沙律醬汁，很多都是運用家中現有的果醬，拌入少量黑醋、橄欖油或香料，便能做出千變萬化的沙律醬汁。

醬汁：

洛神花蜜蜂果醬 1/2 杯

黑醋 1/3 杯

橄欖油 1/4 杯

檸檬汁 6 茶匙

鹽 1 茶匙

黑椒 2 茶匙

沙律菜配料：

熟紅菜頭 1 個（切粒）

混合沙律菜 50g

小番茄 10 粒

橙 1 個 （起肉）

車打芝士碎 3 茶匙

做法：

1. 先將所有醬汁材料拌勻。
2. 將所有沙律菜配料混合，拌入醬汁，最後灑上車打芝士碎即可。

AUTUMN 05
- Fig -
無花果

果欄之初體驗
無花果

開始製作果醬一段時間後，大多在街市裏能買到的水果都已做遍，便開始心癢想做些特別的味道；因欲尋找新鮮土耳其無花果而讓我第一次走進果欄。

一個女子凌晨時份拉着買菜的手拉車，以做果醬的慢活步伐走進繁忙的果欄，穿插在拉動着卡板大啷車的果欄大漢當中，當然被大漢們由街頭大喝到街尾：「行快D啦！」、「喂！讓開！」——我就是跟不上他們的節拍，感覺自己像跌進了錯誤的空間，慌慌失失地左閃右避。

雖然被大漢們喝得尷尬非常，但初到果欄，對林林總總的水果都感到十分好奇，拿着筆記本向果欄伙計們問個不停，但大多換來他們不耐煩的對待，以為我是來做訪問或是大學生來做問卷調查的……被伙計們拒絕回答多次後，才想起自己是來尋找新鮮無花果，可是依舊在還沒開口發問有沒有無花果出售時，就被他們拒絕，嚷着叫我走開不要阻礙他們做生意。

果欄之初體驗令我有點反感，可能自己個子矮小，其他人不是推着啷車，就是手推車去取貨，而我的買餸車一點都不能為我增加任何氣勢，就是融不進他們的粗豪當中。失望離開果欄後，我沒有放棄去尋找新鮮無花果，突然想起元朗有幾間土耳其餐廳，便走去一問，終於找到一間據說有入口新鮮無花果的，但必須幾位客人一併購買才有足夠的數量運到香港，負責人知道我是用來製作果醬，感到驚訝，他說很少人用新鮮無花果製作果醬，說「好識食」！留了聯絡電話給他等待消息，最終可能訂購數量不足，還是沒有下文。

我仍是不甘心，一天突然在某家超市看到一盒盒的新鮮無花果，但已開始腐爛，不宜製作果醬，心想超市有貨，果欄應該都會有吧！凌晨時份我又再次出發到果欄，還買了一部手推車來增加氣勢！皇天不負有心人，的確有土耳其無花果哦！我一氣買了八大盤無花果，果欄老闆突然好像對我另眼相看，終於相信我不是來果欄白撞。我推着這八大盒無花果在果欄遊走一圈，買點其他水果，差不多果欄老闆們都留意到我手推車上的一大堆水果，亦可能像我這樣的女子很少會在果欄出沒，打後的日子，果欄老闆們都認出我，對我的印象更深，態度跟以往兩次大大不同，而我亦開始學習粗豪點，就這樣開始慢慢調整，混入了這個果欄世界。

關於無花果

無花果是人類最早培植的果樹之一，已有一萬年歷史，亦被地中海國家喻為聖果，作祭祀之用。古印度人認為無花果是不會開花的，印度教的經文中常用梵文「a-pu pa-phala」（解作：無花果樹裏尋花）來形容一件沒可能發生的事。

我本以為無花果是沒花的，因為自己曾照料過一盆無花果，的確不見有花。但其後仔細想了想，哪有果實不是從花而來？於是便去找資料，原來無花果的確有花，只是藏在果實內！無花果中心位置，那一絲一絲像小花的東西就是無花果的花，再用鼻聞聞又的確帶着清幽花香味！

《本草綱目》記載：「無花果味甘平，無毒，主開胃、止泄痢、治五痔、咽喉痛。」無花果中的酵素與人體內的胃液融合後，有助消化，可增加食慾及潤腸通便。新鮮無花果味道清甜，又有清潤滋陰功效，營養價值十分全面。不得不提的是其含鈣量幾乎是水果之冠，即使以天然方式製作果乾後，當中的鈣質仍能保留；亦有豐富的花青素，對抗氧化、美膚十分有效。

無花果的品種繁多，約有八百多種，香港可買到的主要來自土耳其、以色列及南非。我個人最喜愛使用土耳其無花果來製作果醬，每到八月下旬便會到果欄打聽土耳其無花果的情況。土耳其無花果體積較圓大，成熟後外皮呈深紫色，皮薄多汁，切開果實後中間部分會有如蜜糖的汁液，非常清甜！由於皮薄，洗淨後直接連皮切粒即可製作果醬，果醬的顏色亦十分鮮豔。

土耳其無花果過後就是十一月的以色列無花果出場，以色列的體積較細，外皮帶青綠色較厚身，味道沒有土耳其的濃郁。如買到外皮較厚的，建議可將無花果放入鍋中以水蒸軟外皮，可每分鐘觀察外皮軟度，然後再跟着程序製作無花果果醬。

我一般會選購外表光滑、外皮軟呈深紫色的無花果製作果醬，需留意底部有沒有開始出水，如開始出水即已腐爛，不宜用來製作果醬。由於無花果容易腐爛，未使用時不要沾水，最好是買回來後馬上使用。

無花果果香比一般水果清淡，但即使用來製作單品果醬，也是十分美味的。如想增加果醬的層次，可配合紅茶、花材如玫瑰、薑等一起製作。

保存期：3個月

Fig Jam
無花果果醬

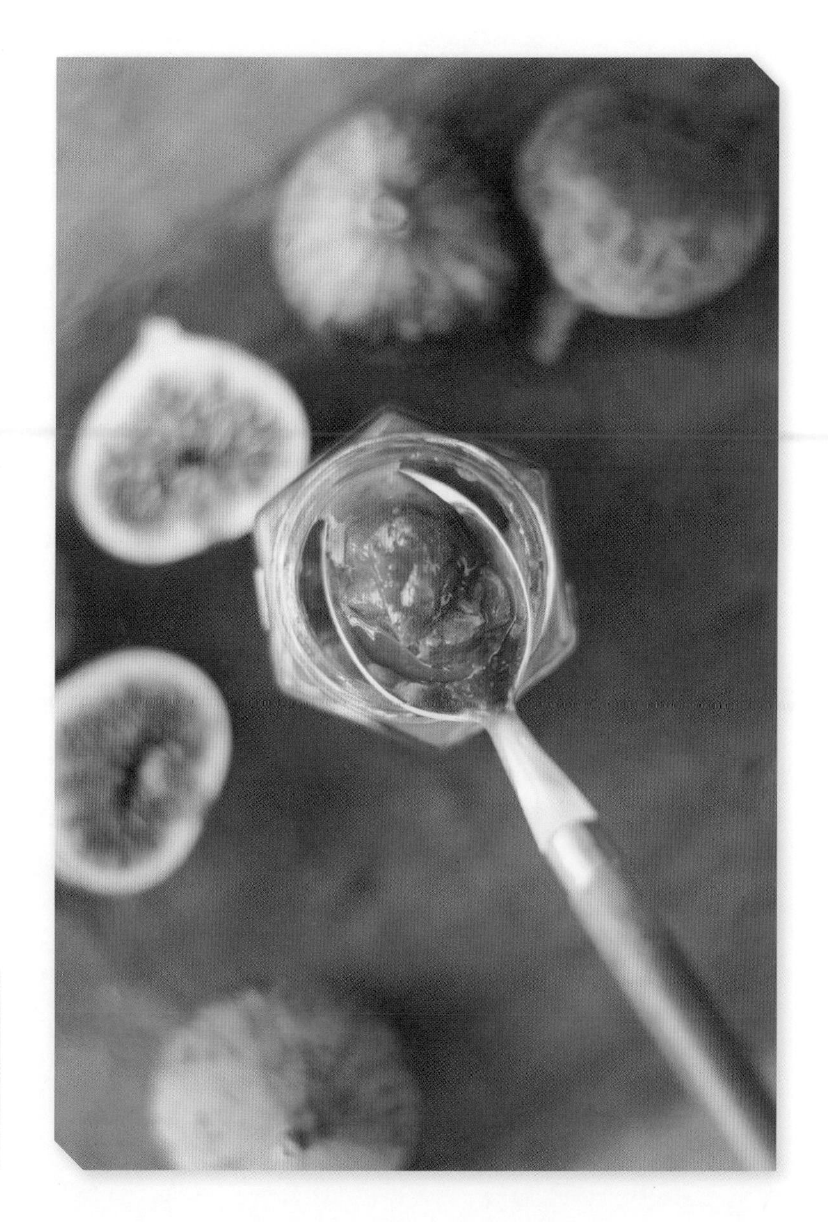

05
秋

材料：

無花果　500g

冰糖　200g

鮮榨檸檬汁　50g

做法：

1. 無花果洗淨後抹乾或風乾。
2. 將無花果連皮切成粒狀。如無花果的果皮較厚，建議先將無花果隔水蒸軟外皮後才切粒。如想果醬有無花果粒，可不用切得太細小，因為無花果烹調後果肉會溶化部分。
3. 無花果肉與冰糖混合後，以中火將果汁煮出。留意開始時水分較少，容易煮焦，需不停攪拌。
4. 加入檸檬汁，以中大火煮至收水成黏稠狀即可。最後，以第一章方法測試果醬是否完成，儘快趁熱入樽及倒扣。

無花果醬配芝士併盤
Cheese Platter with Fig Jam

我是個非常愛吃芝士的人，特別是一幫朋友到訪，芝士拼盤完全是閒聊時最好的小食！配上無花果醬或其他口味的果醬，吃下每一口芝士時，味道顯得更濃縮。

材料：

無花果果醬　適量

Cracker 餅乾或法包

軟身牛奶芝士

果乾（提子乾、杏脯、蘋果乾等）

堅果（果仁、合桃等）

配搭：

不同口味的果醬都可因應個口味配搭不同芝士，以下有一些配搭建議：

- 無花果果醬配軟牛奶芝士
- 葡萄果醬配車打芝士
- 啤梨果醬配藍芝士
- 蘋果果醬配羊奶芝士

冬藏

05	04	03	02	01
橙	檸檬	啤梨	柚子	柑桔

冬天由立冬開始，經過小雪、大雪、冬至、小寒到大寒完結，這段時間是身體儲存來年能量的好時節，而各生物的活動都會慢下來，我們也應順應自然，將生活節奏調慢，飲食方面儘量少食多餐，可多吃點溫熱類的食物，有助提升新陳代謝，同時亦能抵抗嚴寒。同時，冬天是調養腎的好時機，可令人在寒冷季節不怕冷，亦不會因氣血不足而引起腰酸背痛。冬天有很多溫性的水果適宜食用，如：柑桔、柚子等。

十一月至一月・冬

我的果醬二三事

從買給婆婆的那盆年桔說起……

二零一二年尾，農曆新年將至，我與老公於錦田偶然看見路邊檔堆放着上百盤的年桔，「桔」海壯麗，忽然想起愛植物的婆婆，便決定給她買一大盆。那天下午，我們把大盆年桔抬運到婆婆於荃灣的家，她收到後不停讚嘆每粒小柑都長得圓潤，果實又多，讚我有眼光。離開時，婆婆忽煞有其事地拉着我說：「婆最近身體不好。」我以為是婆婆慣性心理作用，便一如以往地回應：「開心點便沒事了。」想不到幾天後，婆婆便因頭暈進了醫院。

幸好當時自己已無業，可以每天到醫院照顧婆婆。那時婆婆因為自己的身體不好要躺病床上而不高興，我便每天跟她說話，逗她笑。有時我坐在旁邊看着她，整個下午，兩人相對無言，只知道她的擔憂，唯有捉着她的手，慢慢撫摸着；她也會搓着我的手以作回應，我們就如此無聲仿有聲地交流着。

可惜婆婆併發肺炎，在病床上撐過了農曆年，便離開了我們。

婆婆離開後，我每天腦海裏都浮現着同一個問題：「婆婆現在到了哪？」答案找不到，唯一能做到的，是我把送她的年桔帶回家照顧。

我把年桔放在天台，每天替它澆水，撫摸它，跟它聊天，忽然有一天我開口問它：「婆婆現在身在的環境好嗎？」說來神奇，那天下午在椅上小休時竟造了一個無比真實的夢：那是一個佈滿翠綠色的無聲世界，但婆婆就在身旁，臉上充滿愛與喜悅。我與婆婆沒有對話，但我們能感受到彼此，就像醫院那時候一樣。醒來時，我眼角流着淚，知道婆婆過得很好，我終鬆一口氣。

我繼續照顧年桔，每天給它澆水，跟它說話，說出我的擔憂，我事業應如何發展，忽然腦海中冒出了一個想法：「要隨心走。」

過了差不多一年，我跟年桔說：「你又結果了，上年我浸了很多很多鹹柑桔，那今年怎麼辦是好？」腦海裏忽又冒出了一句話：「去做果醬吧！」

果醬？果醬怎樣做我完全沒有頭緒呢。既然是這年桔賜給我的想法，一試無妨。

我便把桔子收摘下來，開始去查做果醬的技巧。

一切由零開始，直至我老公説好吃，直至我的家人説好吃，直至市集客人説好吃；

又直至我接受第一位記者訪問。記者問：「為什麼你會開始做果醬？」

當時我只隨口回答：「因為我自己很喜歡烹飪，特別喜歡做甜品，以往就是一直未做過果醬，但自己又喜歡吃，所以決定嘗試做。」

可這個答案竟困擾了我整整三天，自己好像違背了什麼似的。當時，我坐在天台上，看着柑桔自問：「什麼事？這沒人想知道的小故事重要嗎？為什麼要困擾我？」我心裏再次冒出了答案，我立即拿起電話，打回給記者説有所補充，便從我辭職開始説，把我開始做果醬的經歷確確實實地説了出來，當她問到：「婆婆是否從小照顧你？」

那刻，我拿着電話崩潰地哭了起來。

我愛我的婆婆，我愛我的果醬，我終於認定，這是上天告訴我的方向；

但這不是我的事業，而是我的生活，是我與婆婆和這宇宙間的一個聯繫。

希望這個小故事，也能讓大家放開懷抱，讓你跟大自然世界找到彼此聯繫的方法，讓生活變得美好。

關於柑桔

《本草綱目》中記載：「橘實小，其瓣味微醋，其皮薄而紅，味辛而苦；柑大於橘，其瓣味酢，其皮稍厚而黃，葉辛而甘。」而「橘」其實是原種，果小扁圓、皮薄光滑呈紅或黃色，味道帶甘酸；「柑」是桔與橙的混合種，果實較大較圓，多汁香甜。雖然橘與柑品種有所不同，但我們很多時已混合來稱呼為「柑桔」或「柑橘」。

中國每年出產大量柑桔，是全球之最，我們經常也能在街市或超級市場找到來自中國的柑桔；有時還會遇到來自西班牙或澳洲的柑桔。據記載柑桔的歷史十分悠久，大概有兩千多年，柑桔起源於中國高原地區，期後葡萄牙人把柑桔帶到地中海栽種，又再傳到美洲國家；英國人亦到中國收集柑桔的品種，將其帶到歐洲，並改了「Mandarin」為柑桔的總稱。而日本的蜜柑亦是源自中國，是唐代時期一名日本和尚將其種子帶回日本栽種。慢慢開始有更多的國家開始栽種柑桔，遍佈全球。柑桔可說是水果界的「中國國寶」！

柑桔性涼入肺，有順氣、止咳、疏肝等作用。而柑桔每部分都富含營養價值，我們就先由外皮說起，柑桔外皮帶有清新香氣，有抗焦慮、紓緩壓力之效。由新會柑曬乾後製成的陳皮，更有十分多的醫藥功效，能化痰、補中益氣、健脾和胃、止嘔等等作用；橘絡（即柑桔果肉外的筋膜），能疏通經絡，祛滯氣，亦能化痰止咳；柑桔果肉含豐富維他命C及檸檬酸，有助增強抵抗力，消除疲勞，果肉當中還含一種抗癌物質——諾米靈，能保護細胞基因完好，阻止致癌物質的破壞。

選購柑桔時以色澤自然、呈深黃或橙紅色為佳，而份量較重的柑桔果汁相對較多。

我製作果醬是由年桔（四季桔）開始，但由於年桔味道偏酸，外皮帶苦，起初用來製作果醬，味道一般，我便研究加入不同品種的柑桔，每個品種取其出色的部分，製作出柑桔果醬，但步驟卻十分繁複。在這，我使用一款柑桔——砂糖桔，亦能簡單做出美味的柑桔果醬，大家如想柑桔果醬味道更豐富，可在果醬差不多完成時，加入少量白蘭地酒或薄荷葉。

保存期：3個月

Kumquat Jam
柑桔果醬

01
冬

材料：

柑桔果肉　450g

冰糖　180g

鮮榨檸檬汁　60g

做法：

1. 柑桔洗淨外皮後抹乾水分。
2. 去除果皮及儘量去掉果肉外的筋膜。筋膜味道苦澀，如保留過多筋膜，果醬製作出來將會帶有苦味；但由於柑桔筋膜有化痰止咳、順氣的藥用功效，如不怕味道苦澀，也不妨保留。
3. 將柑桔一瓣瓣分開，用刀或剪刀將果肉瓣頂部切開，取出內裏的果核。
4. 果肉處理好後，放入鍋中，加入冰糖拌勻，以中火煮滾，加入檸檬汁。中途柑桔的水分會溢出，水分會較多，屬正常，待水分蒸發後，會慢慢凝固成黏稠狀。
5. 最後，以第一章方法測試果醬是否完成，儘快趁熱入樽及倒扣。

柑桔豆渣餅
Kumquat Okara Cake

我婆婆生前很愛吃豆渣，常將製作豆漿後的豆渣留起，加入素菜略炒便成為一道拌飯小菜。因此，我將屬於婆婆的豆渣與柑桔混合，來回味與婆婆一起的時光。

材料：

豆渣 200g

麵粉 200g

開水 80ml

柑桔果醬 50g

做法：

1. 將豆渣、麵粉混合，加入開水拌勻，再加入柑桔果醬。
2. 將平底鍋燒熱，加入少量食油，取約 80g 的粉糰，壓成餅狀，放入鍋內煎至金黃，再翻至另一面同樣煎至金黃。

WINTER 02
- Pomelo -
柚子

真・柚子蜜的甘苦味

一次在公司接受一位雜誌記者的訪問，開始前我給她用手工柚子蜂蜜果醬沖了一杯柚子熱飲。記者喝了一口，馬上繃緊臉，有點不好意思地說：「苦苦的。」我笑了笑，微微點點頭。

訪問開始，記者小姐提了一個問題：「你就這樣辭職，生活有安全感嗎？」當然有！生活變得簡單，但十分實在，這不就是安全感嗎？

以前在寫字樓工作，薪金雖然穩定，但月尾出糧時往往八成的薪金都是用來付信用卡費用，吃喝，買衣服，剩下的便儲起來去旅行，這種生活一過就四、五年。老實說，那時每天漫無目的地工作，然後取一筆稍瞬即逝的薪金，浸淫在物質世界裏，但我說不出何謂是真正的快樂，什麼東西能真正給予生活的力量。

我說，就如很多人被市面上柚子蜜成分所矇騙，令他們認為柚子蜜就是甜的！大家有看清當中的成分嗎？即使只有柚子和蜜糖的成分，當中的糖分又佔了多少？真正的柚子又佔了多少？報告也指出，一杯普通茶餐廳沖出來的柚子蜜，每杯已有三十多克糖分，被評為高糖分飲品。手工柚子蜂蜜果醬每一百克含四十克糖分，再經水稀釋後的那杯柚子蜜飲品，糖分哪會有那麼高呢？相對健康很多。

生活也一樣，社會上太多太多物質資訊矇騙了自己，人人追求着眼前的金錢名利，就如他們心中柚子蜜的甜。得到了金錢名利開心嗎？對自己的身體、自己的靈魂健康嗎？都不一定。

記者小姐接着問：「那你無業時或剛開始製作果醬時能維持生活嗎？」

當生活沒有金錢的牽制，我不期然慢慢習慣及享受簡單的生活。衣服破了我選擇去縫紉；朋友約到某酒店喝下午茶聊天，我選擇邀請他們到我家，為他們準備手工麵包、果醬，自家種的小番茄做沙津；住在近郊要到地鐵站，我選擇步行二十分鐘或踏單車。只是一個華麗與簡約間的選擇。

即使現在手工果醬的工作有了一點點的成績，但為了果醬的質素，每樽的

成本也很高，每月下來的利潤經常也沒有以往的一份薪金高，但我過得十分滿足自在。我相信每個人在不同時期有不同的富裕，那時在寫字樓工作得到的可能是金錢上的富裕，但現在我得到的是精神、健康、快樂、安穩、智慧上的富裕，有這些還不夠維持生活嗎？

很多人就是不願暫時停喝對自己不健康的柚子蜜，在乎眼前一刻的甜，忘記了健康；又或者甚至連嘗試飲手工果醬沖出的柚子蜜也不願，那又怎會理解平常自己喝的柚子蜜有多不正常，真正健康的柚子蜜又會是什麼味道呢？

記者小姐記錄着我説的，隨手拿起旁邊那杯柚子蜜喝了口：「這個能吃到粒粒果肉和柚子皮的天然果香。」

我開心點了點頭。

關於柚子

柚子品種繁多：文旦柚、白肉柚、蜜柚、四季柚、沙田柚、暹羅柚等。香港常見的是酸甜適中籽少的文旦柚及清甜可口肉脆的沙田柚。

沙田柚原名「楊核子」，「沙田」的確是一個地方名稱，但並非香港的沙田，而是指廣西容縣沙田村。相傳是由生於沙田村的一位外地官夏紀綱悉心栽培出來的，乾隆皇帝出巡到夏紀綱做官的地區時，夏紀綱將柚子送給乾隆，乾隆吃了讚不絕口，但得知此果名叫「楊核子」，認為這名不好，身旁有大臣建議這柚子由夏紀綱的故鄉沙田寄來，應叫「沙田柚」。乾隆聽後十分喜悅，自此「楊核子」改名為「沙田柚」。

文旦柚是中國福建省莆田仙游縣舉人吳登青到浙江時，品嚐當地柚子後，覺得品質不錯，而將柚子帶回家中種植，他與有種植經驗的一位戲曲名旦——吳接母分享，兩人將對方的柚子優點互相融合，經一番研究，合力成功栽種出清甜爽口、多汁肉嫩、無核的柚子品種，他們取兩者的身份「文人」與「名旦」，將此柚子命名為「文旦柚」，其後亦成為莆田四大名果之一。

柚子性寒，味甘，有健胃、潤肺、清腸胃、排毒之功效；柚子各個部分的食療功效很多：柚皮有濃郁香氣，含柚皮苷、新橙皮苷等，有助化痰、理氣、消滯；柚子果肉含多種維他命、礦物質、有機酸等，能去胃氣、生津止渴、解酒、治聲啞；柚葉含揮發油，能治頭風，祛寒濕。

挑選柚子時可留意柚子的重量，體積小但量重的柚子多汁，能放在手心像不倒翁，不會倒下。柚子皮的顏色呈淡黃或橙色，代表成熟，果肉汁多清甜。另外，可以按一按柚子皮，如不易按下，即內裏結實肉嫩。

我一般會使用紅肉柚子作果醬，因紅肉柚子大多無籽，多汁，清甜，少渣。在果醬中再加入蜂蜜，令果醬除了果香外，亦有一份花蜜清香。由於大多數品種的柚子做出來的果醬帶有甘苦味道，屬正常，但增加糖分是不能去掉此苦味的，如接受不了，可考慮與一些清甜水果一併製作。

保存期：3個月

Pomelo Jam
柚子蜂蜜果醬

02 冬

果醬製作方法  *Step by step*

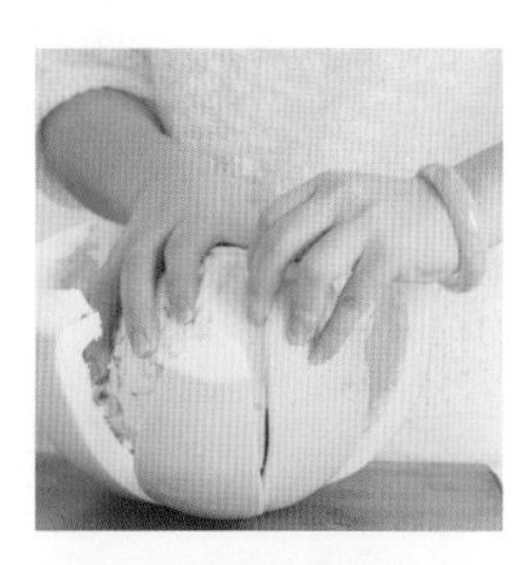

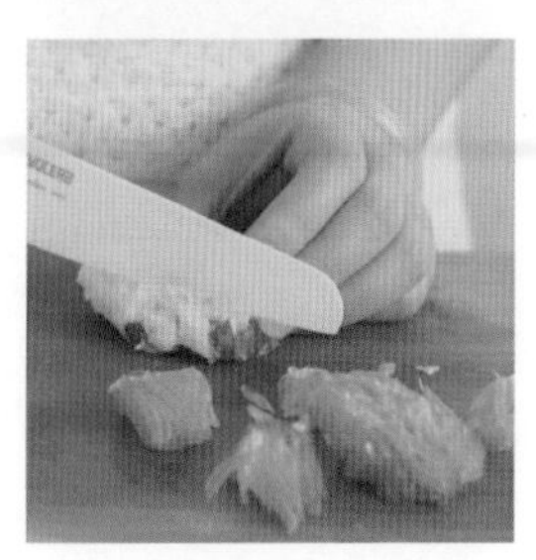

材料：

柚子肉 500g

冰糖 100g

蜂蜜 120ml

柚子皮 10g

鮮榨檸檬汁 80g

做法：

1. 柚子清洗乾淨後去皮，留起少量柚皮待會使用。將柚子膜去除，取出果肉，如有果核亦需去掉。果肉分拆成小粒方便烹煮。
2. 用刀薄薄切出果皮黃色部分，此部分才有香氣，白色部分苦澀無香則不要。將果皮切成絲或粒狀備用。
3. 將柚子肉與冰糖入鍋混合，如時間充實，可待冰糖全溶化後才開始烹煮，味道會更香濃。以中火將柚子水分煮出，不停攪拌，幫助水分蒸發。
4. 果醬烹至黏稠狀後可加入柚子皮，此時便會馬上聞到柚子散發出的清新香味，攪拌約 1 分鐘便可關火，再加入蜂蜜。馬上把果醬裝入已消毒的玻璃樽內保存。

柚子生薑杞子熱飲
Pomelo Ginger Goji Tea

冬天體內容易積聚寒氣，令人懶洋洋，甚至感冒。可在早餐或午餐後來杯柚子生薑杞子熱飲，既能驅趕身體寒氣，亦能增強免疫力。

材料：

柚子蜂蜜果醬　2 茶匙

生薑絲　1 茶匙

杞子　5 粒

做法：

1. 將一杯水注入鍋內煮滾，轉中火，加入生薑絲煮約 2 分鐘後關火，加入杞子。
2. 待生薑水置涼至約 60 度，拌入柚子蜂蜜果醬即可飲用。

十一月至一月・冬

我的前世情人

啤梨的故事

經常有人說「女兒是爸爸的前世情人」。的確，我也覺得爸爸從小就特別疼愛我（跟我哥比較，嘻）！成長中，我想要什麼爸爸大多都會買給我；記得一次到琴行用了二萬多元買了一座鋼琴給我，結果被媽媽大罵了整個晚上。爸爸是個比較傳統的人，從來不會直接用言語表達情感，但小時候每逢放學回家他都會擁抱我，直至長大後，每次見面就會緊緊搭着我的肩膊；最記得在我出嫁的那天，爸爸帶着我進場時，半句話都沒有說，他只是不停揉搓我的手，直至將我帶到我丈夫前一刻，我終忍耐不住，像兒時那樣把頭埋在爸爸懷中哭。爸爸把我的手交到丈夫手上，三雙手緊握一起，一切盡在身體言語之中……

成婚後爸爸又回到內地繼續工作，我則開始製作果醬。一天，我如常到果欄買水果，看見一間果檔的啤梨很新鮮，剛好可以製作紅酒啤梨果醬，便叫老闆先幫我留起一箱，回頭來取。老闆讓我在箱上寫上名字，方便辨認，我隨手寫上英文名「Jacq」就走。逛了一圈回去取啤梨時，看見老闆愁眉苦臉地對着手上那部類似十多年前8210的手機電話，我當時心想這部電話在這年代操作應該不會什麼難度，為何那麼苦惱呢？老闆留意到我回來了，問我：「你識英文？」

我被他突然一問不知如何點應：「識很少，很少。嘻嘻……」

老闆感覺我在騙他，帶點激動地說：「不是呀！我看你在箱上是寫英文呀！」

只好再回答：「識一點點，什麼事呢？」

老闆苦苦的面容再次出來：「哎……我找了我女兒一個星期都找不到呀……」

老闆一說，我便開始緊張，難道他女兒跟壞人離家出走了？「那大件事哦！你女兒去了哪裏呀？」

老闆：「在美國，去了讀書呀！」

我馬上放鬆下來，見怪不怪地安慰老闆：「哦……在外國，放心吧！我以前在澳洲讀書，我爸爸也經常找不到我，哈哈……」

老闆好像看見光芒：「那就行啦！你幫我打電話去找我女兒，我每次打去都是

有位女人接聽，我不知道她的英文説的是什麼意思。」

我馬上答應，接過他的電話一聽，原來電話中的「那位女人」説的是號碼不正確！老闆跟我傾訴他不想女兒到外國讀博士，但女兒不聽他的，堅持去了，又説不明白女兒讀那麼多書做什麼，不知什麼時候才回來，萬一自己有什麼事，也想女兒在身邊……聽得我也有點鼻子酸酸的。

老闆又説他女兒幼小時已跟他説長大後要當醫生，但老闆又埋怨現在這年代當醫生有多辛苦，讀完書舒舒服服去當教師有多好。我只好安慰老闆説：「你女兒是在努力兑現當年跟你説的話，她會成功回來，你等着享福啦！放心！」

跟老闆道別、離開果欄時下起毛毛雨，我也不期然想起我爸爸。想起他曾經拿着一張我倆的相片，指着相中那個子小小的我説：「你那時在鄉下，我為你換好衣服，帶上這頂小帽，踏着單車載你到影樓拍下照片，那天還下着細雨。」

那天小女孩跟爸爸説：「我長大後要做作家！」爸爸哈哈大笑：「我女兒日後要當才女！哈哈哈！」

爸爸，女兒長大了，雖然經常因為生活糊口不在你身邊，但你跟我的每個片段都記在腦裏；我跟你説過的話一直都緊記心內，我現在正慢慢努力去兑現！我會完成夢想回來，你等着享福啦！放心！

關於啤梨

啤梨（西洋梨）大致分為兩種：青皮及紅皮。啤梨跟雪梨有所不同，前者需待果肉變軟多汁、果香溢出時才適合食用；後者則吃其果肉的鮮脆。中醫認為梨有生津止渴、化痰潤燥、清熱潤腸的功效。而青皮啤梨含豐富果糖，能快速被人體吸收，當中的鉀能調節血壓，維他命C增強免疫力，加速新陳代謝；紅皮啤梨則含豐富胡蘿蔔素、蘋果酸等，有解毒消炎、潤肺等功效。

青紅啤梨收摘時果身十分堅硬，沒有果香，果汁亦十分少。一般待室溫慢慢催熟需七天左右，果肉變軟，亦能聞到果香，這時最適合進食或用來製作果醬。在香港買到的啤梨大多是美國的Anjou品種，果身呈橢圓，有紅皮及青皮兩種；亦有長身的Conference啤梨及果身青中帶點紅的Comice啤梨。以上品種都適合製作果醬。

成熟至軟身的啤梨有着水蜜桃般的香濃果香，即使用來製作單品果醬亦有十分濃郁的果醬。我每年聖誕派對都喜歡煮一鍋法式紅酒燴啤梨（Poire Au Vin Rouge）來招呼朋友，我就將這甜品中的材料混合起來製作果醬，味道出奇的吸引，層次十分豐富，啤梨與檸檬果香背後透出紅酒味道，鼻腔間又再跳出肉桂香。或是在啤梨果醬中簡單加入少許雲尼拿籽，也是一個十分好的配搭。啤梨果醬也可因應個人喜歡的口感製作成沒有果粒的抹醬或帶點果粒口感的果醬，由於變軟後的啤梨烹煮時亦會使部分果肉煮溶，如想保留果粒，建議不用切得太小粒。

保存期：3 個月

Pear Jam

啤梨果醬

03
冬

果醬製作方法 *Step by step*

材料：

啤梨　500g

冰糖　200g

鮮榨檸檬汁　50g

做法：

1. 將已成熟軟身的啤梨洗淨去皮，將2/3啤梨切件攪成蓉，以免啤梨蓉接觸空氣氧化變色，可先榨起檸檬汁，將啤梨蓉拌入檸檬汁內。
2. 將剩下的1/3啤梨切成丁狀，與冰糖及啤梨蓉混合倒入鍋中，用中大火將果醬烹滾及冰糖溶解，注意攪拌，其後轉至中火。
3. 烹煮過程中會出現啡色泡沫，可使用濾網取走泡沫。快完成的啤梨果醬容易黏鍋底，必須留意不停攪拌。
4. 最後，以第一章方法測試果醬是否完成，儘快趁熱入樽及倒扣。

啤梨紅酒炆牛肋骨
Braised Beef Ribs With Red Wine and Pear

我烹調肉類大多喜歡味道帶少許甜，吃下感覺不會太油膩，又能增加菜色的層次。這道菜以低溫炆上3小時，肉嫩又保留肉汁，配上簡單沙律菜便可成為一頓豐富的晚餐了！

材料：

牛肋骨 500g	百里香 8條	紅酒 半杯
洋葱 半個切絲	月桂葉 2片	鹽 半茶匙
蒜頭 5粒切片	啤梨果醬 半杯	胡椒 半茶匙

做法：

1. 將鍋燒熱下油，牛肋骨煎至表面呈金黃色，轉放在燉鍋中。
2. 洋葱絲、蒜片下鍋炒香後，加入果醬、紅酒、百里香、月桂葉、鹽、胡椒煮滾，將紅酒汁倒入牛肋骨的燉鍋內。
3. 如使用焗爐：蓋上鍋蓋，以160度焗約2小時燉至肉質軟身。最好每隔半小時左右驗查一下鍋內的水是否足夠，以防焗焦。
4. 如使用明火：烹滾後蓋上鍋蓋，以小火燉1小時後關火焖半小時，再開火燉1小時，最後關火焖半小時便可享用。

WINTER 04

- Lemon -

檸檬

一杯熱檸檬水

養生，就是這樣簡單

「養生」看似是一個博大精深的題目，但要實行，卻是一件手板眼見工夫的事，只要理解自己的身體，讓身體跟着四時節氣走，其實在每天生活當中都十分容易實踐得到。例如：儘量不要捱夜，每天時間就是二十四小時，工作多久，休息多久要成正比，有些人以為晚上做得很晚，就能加快完成速度，但沒想到對肝臟負荷有多大，第二天的腦筋轉換會慢了多少，需要多少天才能回復體力；又或者每天早上起床喝一大杯暖水，沖走前一天體內積下的毒素，拍打一下身體，讓經絡運行順暢；跟隨大自然四時吃蔬果等等，所有都是一件件微不足道的事，但如果不注意的話，卻會大大影響身體的狀況。

在無業期間，幾乎每天早上我習慣靜心冥想一下，當中最大的得着是更了解自己的身體，意識到自己以往幾年工作積下的疲累對身體有多大的影響。

香港生活，大部分人每星期也會吃上好幾餐茶餐廳，亦很多人喜歡咖啡、奶茶、凍檸茶；我在寫字樓工作時也不例外，幾乎每天一至兩杯奶茶，令原來較弱的胃更雪上加霜。那時胃部十分敏感，遲了一點吃晚飯，人就會馬上軟下來，血糖急跌；吃一點刺激的食物，馬上肚瀉。最終用了一年多的時間，無間斷看中醫、吃中藥，才把胃養好一點。

中醫那時對我說：「你算是幸運的，身體有異常馬上就有反應，很多香港人每天喝凍飲，吃刺激性食物，但身體無給予反應，以為自己身體很好，最終發現時就是大病。」我聽到這句話後，馬上由平常經常埋怨自己的胃部出問題，轉為感謝他提出了抗議的信號給我。

我多了跟自己身體溝通後，現在當某部分開始準備發出警號前，我便會及時感應到，馬上作出對應行動。例如：我感覺自己有點着涼快要感冒時，便會馬上取桶熱水，加入艾草、薑片等用來泡腳，將身體寒氣迫出，睡一覺就沒事。胃開始有少少不適時，馬上喝點熱溫水或熱檸檬水，胃馬上便舒服很多。

說到熱檸檬水，是我每天的飲品，亦是我的養生之道之一。人體的病是由

於體內酸性過多，特別是生活在香港，很多時外出吃飯都是大魚大肉，令毒素積聚，變酸性體質而使百病叢生。熱檸檬水不加糖，是鹼性水，喝下能減低體內酸性，增加免疫力，還能清走胃酸，對我這個胃不太好的人來説簡直是恩物。

藥物始終對身體有害，所以預防的確勝於治療。不要被每天繁忙的工作纏擾，卻忘記了聆聽一下自己身體給出的信息，了解自己體質，有適當的飲食習慣，健康的確會變成是一件簡單的事。

關於檸檬

檸檬適合在平穩的氣溫下生長，是橘子類水果中最不耐寒的一種。而檸檬的起源地無從稽考，有些記載説來自印度，有説是東南亞地區，又有些説是中國。雖然檸檬的起源地沒有明確歷史記載，但卻有記載檸檬早在公元一世紀時於羅馬藝術畫品中出現；又記載了哥倫布在一四九三年已將檸檬的種子帶到海地。

檸檬是最有藥用價值的水果之一，含豐富有機酸，因此味道極酸，但有很強殺菌功效，對人體增強免疫力有十分高的功效；另外檸檬能幫助分解胃中的酶，增加腸胃蠕動，有助消化；檸檬中的檸檬酸鹽能抑制鈣化，阻止腎結石出現；而維他命C能保持人體各個組織細胞正常，減少疾病出現。

現在美國、地中海、歐洲、東南亞、中國等都有大量栽培檸檬；法國是全球食用檸檬最多的國家，每年二月法國蒙頓都會舉行檸檬節，為慶祝檸檬豐收，每次的檸檬節平均用上約五萬頓檸檬作活動，包括水果花車大遊行、以檸檬建起的大型彩雕等，吸引大批遊客到當地參與慶典。

在香港一向是美國進口的檸檬佔最大的市場，但由於前兩年美國檸檬失收，令檸檬價格突然飆升差不多一倍，近年開始出現更多不同產地的檸檬，如南非、埃及、土耳其、中國等，價格相對較為便宜，但質素始終不如美國檸檬。美國檸檬特別清香多汁，果皮光滑呈鮮黃光，皮亦較薄，果核較少，是用來製作果醬的首選。

檸檬果醬大多以Marmalade的製法，我特別愛在傳統製法中加入更多的新鮮檸檬果肉，令果醬味道更濃郁，又能吃到粒粒檸檬肉。

保存期：6個月

Lemon Marmalade
檸檬果醬

04
冬

材料：

檸檬 12 個

冰糖 份量為果汁、果皮、果肉總重量的 5 成

做法：

第一天：

檸檬洗淨，取 6 個檸檬將其切成 8 份，放入鍋內加入開水蓋頂，以大火煮滾；由於要去除檸檬中的苦澀味道，所以需將檸檬隔起，倒掉鍋中的水，重複此步驟兩次。第三次將檸檬皮煮至軟身成糊狀（約 25 分鐘），然後保留檸檬及檸檬水，將其以保鮮紙包起放入雪櫃，浸泡兩天。

第二天：

取 3 個檸檬，切成薄片，取走果核，如第一天的步驟，以水煮去檸檬中的苦澀味道，第三次時將檸檬煮至軟身，成糊狀，將果肉及果汁以保鮮紙包起放入雪櫃，浸泡一天。

第三天：

1. 先將第一天浸泡的檸檬果肉隔起，只留果汁。
2. 取最後 3 個檸檬，先切去頭部及尾部，再將果皮切走，檸檬的筋膜果核亦不要，只取果肉部分。然後混入檸檬果汁、第二天浸泡的檸檬片、冰糖，以中大火將其煮至黏稠狀，以第一章測試果醬完成度方法，如完全即可馬上入樽並倒扣。

* 注意，如第一天及第二天烹煮的檸檬時間不足，水分較多，製作果醬時需花更長時間蒸發水分，果醬味道亦會不夠濃郁。

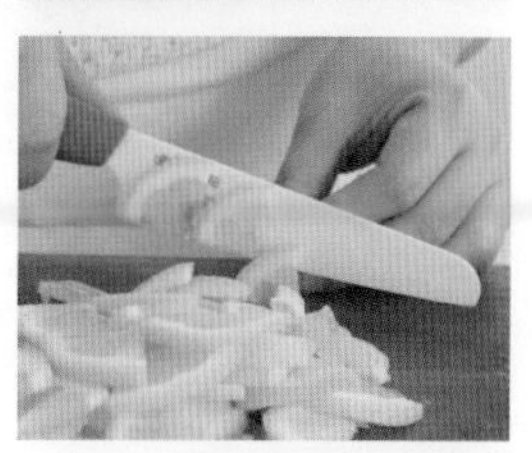

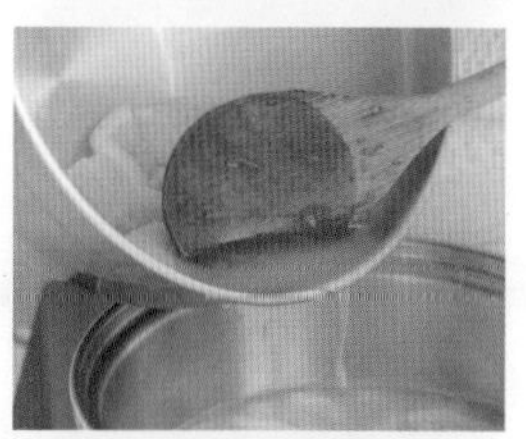

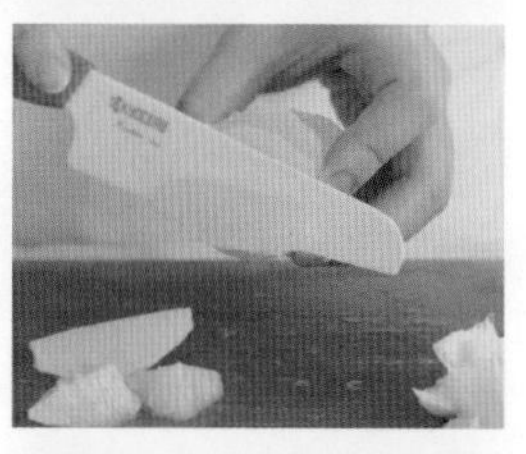

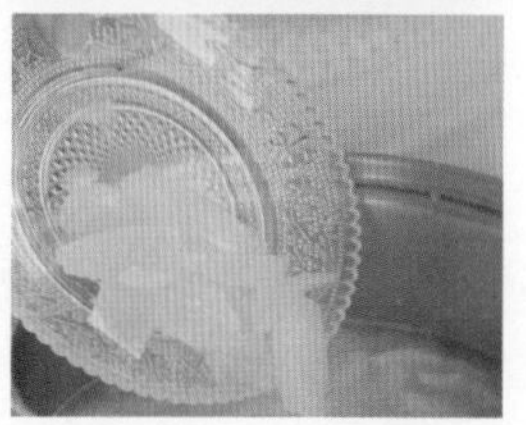

檸檬朱古力撻
Lemon Chocolate Tart

很多時吃朱古力撻時，兩口便感覺膩，如加入清新的檸檬果醬，香濃的果皮，帶點微酸刺激，必會一口接一口地吃完。

材料：

撻皮：

無鹽牛油（置室溫） 170g

蛋黃（室溫） 1隻

糖 3茶匙

鹽 1/4茶匙

麵粉 1杯

泡打粉 1/4茶匙

餡料：

檸檬果醬 1杯

鮮忌廉 1/4杯

鮮忌廉 1/2杯 （發打至企身）

雞蛋 2隻（將蛋黃與蛋白分開）

無鹽牛油 40g

70%濃度朱古力 180g

麵粉 1茶匙

泡打粉 1/2茶匙

糖 1/4杯

鹽 1/4茶匙

撻皮：

1. 先將牛油及蛋黃以發蛋器打至滑身，加入麵粉、鹽、泡打粉，以慢速將所有材料混合。用手將粉糰搓成球狀，再以保鮮紙包好，放入雪櫃2小時左右。
2. 預熱焗爐至160度，將粉糰取出，在焗盤上灑上少許麵粉，將粉糰平均壓平至11吋左右的撻皮，將撻皮鋪在撻盤內，修飾一下撻皮邊位置，用叉在撻皮上刺孔，然後再放進雪櫃冷凍約15分鐘。
3. 將冷凍後的撻皮入爐，焗約25分鐘，至撻皮成黃金色。取出放涼備用。

餡料：

1. 以中火將忌廉煮至微暖，加入牛油及朱古力，以最小火將牛油及朱古力溶化，拌勻後放涼。
2. 在另一小盆內將麵粉及泡打粉拌勻；以發蛋器將蛋黃與糖混合發打成糊狀；加入朱古漿及麵粉拌勻。
3. 將蛋白與鹽用發蛋器打至企身，再輕輕拌入朱古力漿內。
4. 最後，將檸檬果醬平均塗在已冷卻的撻皮上，再將朱古力漿倒入，預熱焗爐以160度焗約20分鐘或以牙籤刺進朱古力漿內測試，如朱古力漿沒有黏着牙籤即成。

十一月至一月・冬

難得的「可揀」！

幼時與婆婆買橙的記憶

我婆婆算是一位追求完美主義者，即使生活中的瑣碎，她都會盡力做到最好，選擇最好的。以往我承繼不了婆婆的這份美德，生活中很多事都得過且過。自婆婆離開後，出於想念她，亦或是想為了自己的生活變得更有情趣，我開始有了這種執着的態度。

一天，突然想做個海鮮鍋吃，我如常到荃灣一間賣福建家鄉特產店買蜆，那裏的蜆無沙，肉質肥美，煮了也不會縮水，重點是可以續粒續粒慢慢揀！婆婆在生時我經常跟她來這店，她曾說：「要揀外殼比較白的，比較肥美。」每次她都會說一遍來提點我，我也每次像個小孩一樣，在旁每挑一粒都會給她過目一下：「這個可以嗎？」她驗證通過後才會放進小籃子裏。

又記得從幼稚園起已經常跟婆婆到街市買菜，當年沒有「唔揀」這回事，婆婆這位追求完美者就最愛精挑細選，特別是選橙時，她總會叫檔主切一少塊給她先試試，合心水後才會選購，我經常也跟着婆婆的行為，伸手去問檔主要一塊吃，但有些檔主視我是小孩，好不情願才切下一小片給我。然後，我也會跟着婆婆一起挑選，這時總會給檔主罵：「小孩別碰！」我當然感到不快，那時個子小小的我碎碎唸着：「不是我跟婆婆說好吃，她會買你的橙？日後我也會長大，到時都可以揀，嘿！」

可惜當我長大了，現在街市的風氣亦隨時代而改變了，水果、蔬菜、海鮮經常在價錢牌上大大寫上兩個字「唔揀」，看得令人討厭。即使有時只想拿在手上看看質量，馬上已有店員大叫：「不可以揀！」每次我一聽見這句，便會放下貨品，寧願不買，轉身離開。

老實說，我的確不是因為愛挑，但就是不甘心，為什麼付出了，不能選擇自己滿意的東西？那是迫我將要求不斷放低嗎？我不跟着社會走，情願去尋找一些可給予選擇的空間，來保持生活的水準，我相信社會上也有我這樣的一群。

所以，我喜歡來這間店買蜆，每次都是跟着婆婆的準則揀蜆，深知每粒都是肥美的，但都會花時間慢慢挑，重要的是可以重溫與婆婆一起時「要揀外殼比較白的，比較肥」的情境。

關於橙

很多人都知道，橙除了含有豐富維他命C，能增強人身免疫力、製造骨膠原外，其實橙亦含豐富膳食纖維，有助排便；橙含有的維他命A、H、C，及蘋果酸等都有美白抗氧化功效，特別值得一提的是當中的抗氧化物具有防癌及消炎的作用。

在中醫角度，橙屬偏涼性水果，能清熱解毒。一般人認為咳嗽多吃點橙就能好，其實也要看看自己是屬於熱咳還是寒咳。橙對於熱咳能起作用，有化痰理氣功效；但對於寒咳則會產生喉嚨越來越痕癢的負面效果。

每年橙的產量十分多，一年四季都十分容易在香港買到橙，最常見的有美國新奇士橙：蜜篤及石榴篤兩款。蜜篤每年四至九月為當造期，皮薄多汁，有核，體積較細小；石榴篤當造期是每年十二月至翌年六月，底部有臍凸出，皮較厚因而較容易去皮，果肉中大多沒有核。

香港亦會進口南非、埃及、澳洲等地的香橙。夏天時，我最愛用澳洲進口的橙做果醬，由於當地正值冬天，橙越冷越香甜。澳洲橙皮薄而不會苦澀，果肉鮮甜又核少，十分適合用來製作果醬。

另外，間中在果欄亦能買到來自澳洲、西班牙、日本或美國的血橙，血橙亦是橙的一種品種，果肉帶血紅色，含豐富花青素，營養價值更高。血橙外皮亦帶紅斑，味道比一般橙甜及多汁。

用來製作果醬的橙儘量選用皮薄多汁的，選擇橙時，拿上手感覺重身，即代表果汁豐富；較輕身的橙，大多已存放過久，水分已不多，不宜購買。

香橙屬橘子類水果的一種，在第一章也有提及過，可使用外國傳統的Marmalade做法，三天的製作過程，令果醬更濃縮，更有風味。

保存期：3 個月

Orange Jam
香橙果醬

05
冬

材料：

橙 10個

冰糖 果汁果皮總重量的4成

鮮榨檸檬汁 100g

做法：

第一天：

1. 將7個香橙每個連皮分成8件，放入鍋內，加入開水（大概蓋過橙粒再多一點的水），令橙粒在鍋內有足夠空間上下浮動，以大火煮滾。
2. 以濾網將橙隔起，水分倒掉，再次重複以上步驟一次，去除苦澀味。第三次注入開水，以大火煮滾，不時攪拌，煮約20-30分鐘，成漿狀。以保鮮紙包封，待冷卻後放入雪櫃。

第二天：

1. 另外3個香橙連皮切成薄片及去籽，在鍋內注入開水，同樣蓋過面，以大火煮滾。
2. 將水分倒掉去苦澀，果肉隔起再以開水煮約20分鐘呈漿狀。冷卻後以保鮮紙包封放入雪櫃。

第三天：

1. 將第一天煮的橙肉取出，經兩天的浸泡，果香已揮發在果汁中，以濾網分隔橙肉，只留果汁。
2. 將果汁拌入第二天煮好的薄片橙及果汁內，以電子磅計算重量，加入果肉及果汁重量4成的冰糖拌勻。以中大火煮滾，不停輕輕攪拌，以助水分蒸發。果醬開始呈半透明狀時，可加入檸檬汁，並將果醬表面的泡沫濾走。

3. 當泡沫減少並變得幼細時，代表果醬已差不多完成，由於Marmalade製法在完成時不會呈黏稠狀，因此必須用第一章的測試方法測試果醬是否完成。

4. 完成後的果醬即時入樽並倒扣，倒扣其間不要搖動果醬，由於破壞果醬的凝固過程。

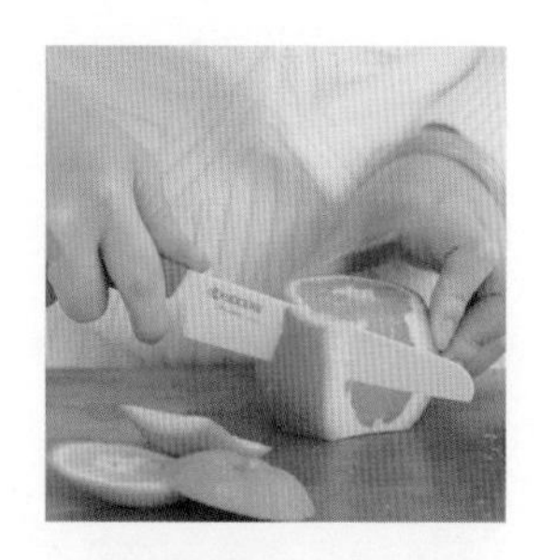

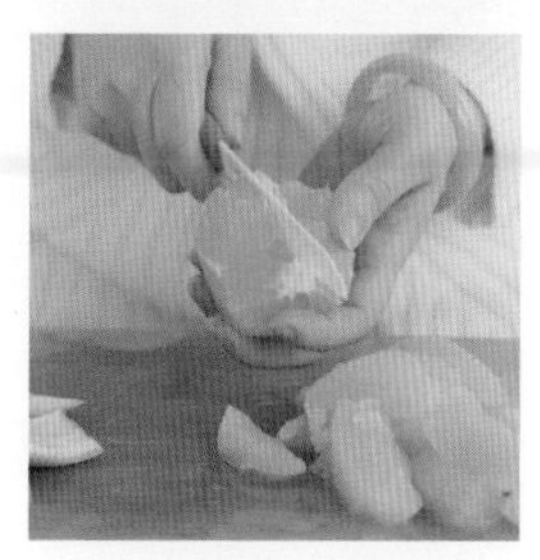

香橙果醬焗肉排
Roasted Ribs with Orange Marmalade

果醬總是我烹調肉類時的最好調味材料，能將原來啖啖都是肉的感覺沖淡，我特別喜愛用帶有果皮的果醬作配合。

做法：

豬肋骨 4 磅	胡椒粉 1/2 茶匙
糖 1/2 杯	醬油 2 茶匙
鹽 1 茶匙	茄糕 2 茶匙
蒜頭 （切小粒）1 茶匙	香橙果醬 2 茶匙

做法：

1. 預熱焗爐至 150 度；在焗盤內鋪上錫紙。
2. 除了香橙果醬，將其他調味料平均塗抹在豬肋骨上，進爐焗約 2-2.5 小時，至肉質軟身，能容易與骨分離。
3. 最後塗上香橙果醬在表面上，再焗 10 分鐘即可。

果醬二三事

作者
Jacqueline Ng

編輯
鄧宇雁 喬健

美術設計
Zoe Wong

排版
Zoe Wong 辛紅梅

插畫
Dylis Ching@Chingpaper

攝影
Jacqueline Ng

出版者
萬里機構・飲食天地
香港鰂魚涌英皇道1065號東達中心1305室
電話：2564 7511
傳真：2565 5539
網址：http://www.wanlibk.com
http://www.facebook.com/wanlibk

發行者
香港聯合書刊物流有限公司
香港新界大埔汀麗路36號
中華商務印刷大廈3字樓
電話：2150 2100
傳真：2407 3062
電郵：info@suplogistics.com.hk

承印者
中華商務彩色印刷有限公司
香港新界大埔汀麗路36號

出版日期
二零一六年七月第一次印刷

Published in Hong Kong by Food Paradise,
a division of Wan Li Book Company Limited.
ISBN 978-962-14-6004-2

萬里機構

萬里 Facebook